转基因那些事

中国农学会 组编

中国农业科学技术出版社

图书在版编目（CIP）数据

转基因那些事 / 中国农学会组编. --北京：中国农业科学技术出版社，2023. 5

ISBN 978-7-5116-6235-4

Ⅰ. ①转… Ⅱ. ①中… Ⅲ. ①转基因技术－普及读物 Ⅳ. ①Q785-49

中国国家版本馆CIP数据核字（2023）第 050508 号

责任编辑 李冠桥 闫庆健
责任校对 贾若妍 李向荣
责任印制 姜义伟 王思文

出 版 者 中国农业科学技术出版社
北京市中关村南大街 12 号　　邮编：100081
电　　话（010）82109705（编辑室）（010）82109702（发行部）
（010）82109709（读者服务部）
网　　址 https: // castp.caas.cn
经 销 者 各地新华书店
印 刷 者 北京地大彩印有限公司
开　　本 170 mm × 240 mm 1/16
印　　张 8
字　　数 97 千字
版　　次 2023 年 5 月第 1 版　　2023 年 5 月第 1 次印刷
定　　价 29.80 元

《转基因那些事》

编委会

前　言

转基因的研发应用是提升农业科技水平、增强我国农业竞争力的重要组成部分。以转基因技术、基因编辑等为代表的生物育种技术，已成为各个国家抢占农业领域技术制高点的战略重点，具有广阔的发展空间。党和国家始终高度重视转基因技术的研发应用，习近平总书记指出："要大胆研究创新，占领转基因技术制高点，不能把转基因农产品市场都让外国大公司占领了。""有关部门要在严格监管、风险可控前提下，加快推进生物育种研发应用。"2020年中央经济工作会议提出，要尊重科学、严格监管，有序推进生物育种产业化应用。2023年中央一号文件指出，加快玉米大豆生物育种产业化步伐，有序扩大试点范围，规范种植管理。

转基因技术作为一项新兴育种技术，因其专业性较强，全面理解掌握难度较大，很容易产生误解。为加快推动转基因技术科学普及，2018年起，在农业农村部科技教育司指导下，农业农村部人力资源开发中心、中国农学会在全国范围内开展转基因科普巡讲活动。截至目前，活动已举办近百场，走进全国21个省（自治区、直辖市）350余家单位，线上辐射受众超4 000万人次，有力地提升了公众对转基因的科学认知，为转基因技术与产业的发展营造了良好的社会氛围。

在巡讲过程中，我们了解到许多公众高度关注的共性问题。

比如，“转基因是什么，可以用来做什么”“转基因到底安不安全”“为什么一定要发展转基因”这样的理性发问；再比如，“吃转基因会不会被转基因”“转基因会不会导致不孕不育”“转基因是不是外国的生化武器”这样的担心疑虑；同时也不乏“转基因在美国的应用现状”“我国的转基因发展情况”这样的战略问题。

为了能够更加有效地回应社会关切，让公众能更直观地了解转基因知识，在科普巡讲的基础上，我们编写了《转基因那些事》一书，用通俗易懂的语言、生动形象的插图，深入浅出地讲解转基因技术的原理、应用、发展现状、常见谣言真相以及转基因的舆论思考等，为科学认识转基因技术，识别谣言背后的真相提供参考。

相信通过阅读这本书，对转基因到底是造福人类、解决粮食安全问题的先进技术，还是部分人口中的“洪水猛兽”，大家一定能够找到答案。接下来，就请翻开这本书，让我们一起来探索转基因那些事儿吧！

编　者

2023年5月

一 常识篇……………………………………………… 1

1. 什么是转基因技术？ ……………………………… 3
2. 转基因技术的优势是什么？ …………………… 10
3. 为什么要发展转基因农作物？ ………………… 15
4. 为什么有了杂交育种还要搞转基因育种？ …… 19
5. 转基因技术研发历程 …………………………… 22

二 应用篇……………………………………………… 31

1. 转基因技术目前应用情况 ……………………… 33
2. 转基因作物在美国的应用 ……………………… 36
3. 转基因大豆与阿根廷农业 ……………………… 39
4. 我国转基因研发和产业化情况 ………………… 41
5. 我国进口转基因农产品情况 …………………… 47

三 误区篇……………………………………………… 49

1. 吃转基因食品会改变人的基因吗？ …………… 51
2. 转基因食品会致癌吗？ ………………………… 53
3. 转基因食品会导致不孕不育吗？会影响子孙后代吗？ … 56
4. 转基因抗虫作物虫子吃了会死，人类吃了安全吗？ …… 58
5. 紫薯、圣女果、彩椒是转基因食品吗？ ……… 62
6. 转基因玉米会导致母猪流产和老鼠减少吗？ … 65

7. 转基因违背了自然规律吗？ …… 67
8. 转基因种子不能发芽、留种吗？ …… 70
9. 转基因农作物对增产没有任何作用吗？ …… 73
10. 转基因农作物对周边环境有影响吗？会导致“超级害虫”“超级杂草”的产生吗？ …… 76
11. 转基因是外国针对中国人制造的“基因武器”吗？ …… 82

四 安全篇 …… 85

1. 转基因食品的安全性有保证吗？ …… 87
2. 为什么说转基因食品至少跟同类传统食品一样安全？ …… 88
3. 转基因食品需要做人体试验吗？ …… 89
4. 转基因食品需要长期多代人试吃才能证明是安全的吗？ …… 91
5. 国际上的转基因生物安全管理举措有哪些？ …… 93
6. 我国是怎样进行转基因生物安全管理的？ …… 95

五 态度篇 …… 97

1. 国家对转基因是什么态度？ …… 99
2. 国际权威组织对转基因是什么态度？ …… 101
3. 科学家对转基因是什么态度？ …… 103
4. 公众对转基因的态度？ …… 104

六 思考篇 …… 109

1. 为什么公众对转基因存有疑虑？ …… 111
2. 转基因安不安全到底应该听谁的？ …… 111
3. 为什么说一些常造成疑惑的转基因问题都是“伪命题”？ …… 114
4. 如何看待“新生事物”？ …… 115
5. 如何在转基因是非中保持理性？ …… 117

一

常识篇

转基因那些事

1 什么是转基因技术?

转基因技术是一种常规的、基础性的生命科学实验技术，即将基因在不同生物个体之间进行转移。转基因技术既可以应用于同一物种内部，也可以应用于不同物种之间。

基因转移的目的是突破生物体自身基因组对自身性状表现的约束和局限，从而改良生物个体。

在早期，转基因技术和基因工程是同义词。随着生命科学的快速发展，越来越多的生物技术被开发出来。现在，基因工程包括但不限于转基因技术。

基因工程，即采取各种可行的技术手段对基因进行操作，通过对生物体的遗传信息进行局部的修正或者改良，来改善生物体性状，如基因编辑技术。

在农业领域，基因工程可以用来获得优异的农作物新品种、家禽家畜新品种。如曾经力挽狂澜，拯救我国棉花产业的国产转基因抗虫棉。

在医药领域，基因工程可以开发微生物反应器、动物反应器、植物反应器，利用生物体生产具有生物活性的各类药物以及疫苗，如重组人胰岛素、重组人干扰素α1b、重组人血清白蛋白以及基因工程乙肝疫苗等。比起直接从动物器官内提取，采用基因工程获取的生物制品，价廉物美，更加安全，且不用宰杀动物，更加具有人道主义精神。

在临床医学领域，基因工程可以用来治疗疑难杂症，如细胞免疫疗法中著名的CAR-T（嵌合抗原受体T细胞免疫治疗）技术，是未来攻克癌症和疑难杂症的医学明星。

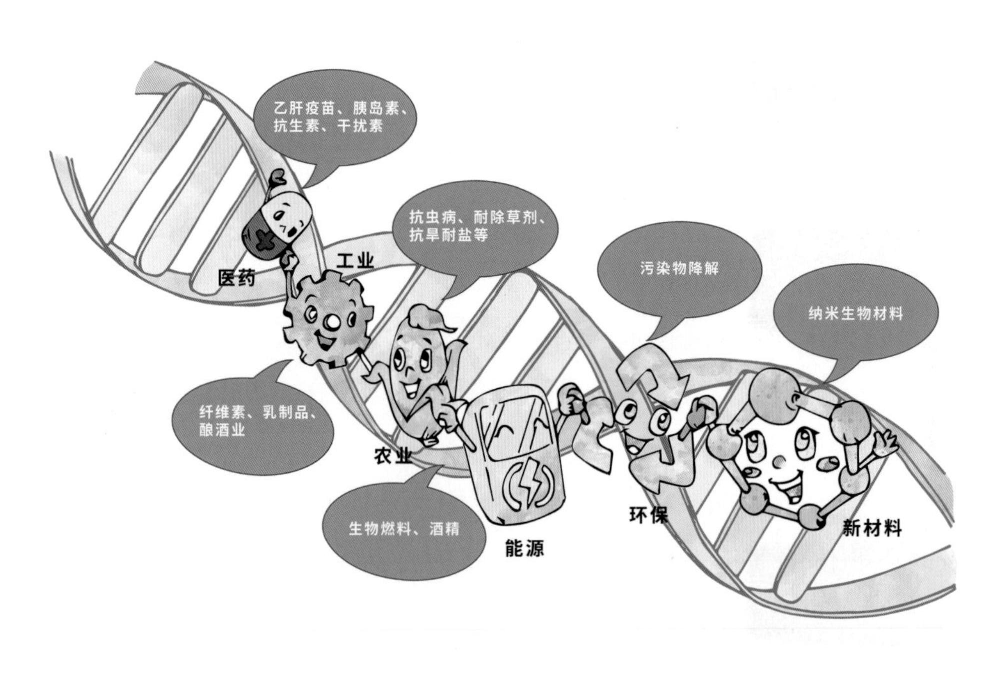

转基因应用广泛

名词解释

DNA（脱氧核糖核酸）

DNA是由脱氧核糖核苷酸组成的链状生物大分子。两条互补的DNA长链通常以双螺旋状盘结在一起，形成双螺旋结构。DNA是生物体的主要遗传物质。

RNA（核糖核酸）

RNA是由核糖核苷酸组成的链状生物大分子。生物体内的RNA多以单链形式存在，少数以双链形式存在。双链状态时，通常只在局部形成双螺旋结构，其他部分表现为茎环或其他结构。RNA的作用主要是引导蛋白质的合成，在部分病毒、类病毒中是遗传物质。

基因

绝大多数生物体的基因位于DNA分子上。基因是一段具有遗传效应的DNA片段。

自然界中，某些种类的病毒，其基因位于长链RNA分子上。对它们来说，基因是一段具有遗传效应的RNA片段。

基因内部的核苷酸序列代表着生物体的基本遗传密码，指导着生物体表现出特定的性状。性状指的是生物体表现出来的生命特征，如形态、功能、行为等。基因是控制生物体性状的基本遗传单位。

趣味知识

转基因技术的理论基础是进化论和分子生物学。

龙生龙，凤生凤，通过生殖过程，基因从亲代传递给子代。这种基因在代际之间的传递，叫作基因在物种内的垂直传递。

基因还可以在不同物种之间交流，这是基因的水平传递。基因的水平传递，为生物演化提供现成的基因素材，大大加快了生物演化的速度，加快了生物体适应环境的过程。

基因的水平传递有多种途径。

在原核生物中，细菌可以通过转化、接合和转导，在不同生物个体甚至不同生物种类之间实现基因转移。比如细菌对抗生素的耐药性，就是同一生存环境中不同物种的细菌之间交换抗生素抗性基因的结果。这是一种趋同进化。

基因的水平传递不仅在细菌等原核微生物中常见，也出现在真核生物中。

例如中国农业科学院研究团队从多个层面证明了烟粉虱的*BtPMaT1*基因是来自植物的水平转移基因，而烟粉虱利用该基因将食物中的有害酚糖类物质转化为无害物质，通过这种巧妙的进化方式，导致其广泛寄主适应性，使得烟粉虱寄主植物超过600种。该研究将昆虫的功能性水平基因转移研究提升到一个新高度，是多食性昆虫寄主适应性进化机制研究的重大突破。

（害虫“窃”取植物基因竟然获得防御能力）

再例如仓鼠免疫球蛋白结合因子基因，就是从病毒传递过来的基因与仓鼠原有基因整合在一起所形成的一个新的杂合基因；不同种的果蝇之间则能够以寄生的螨虫为媒介，实现一种叫作copia反转

录转座子[①]的转移；一种叫作沃尔巴克氏体的原生动物能够将自己基因组里长达1.1万个碱基对的DNA片段转移到其昆虫宿主绿豆象的X染色体上。

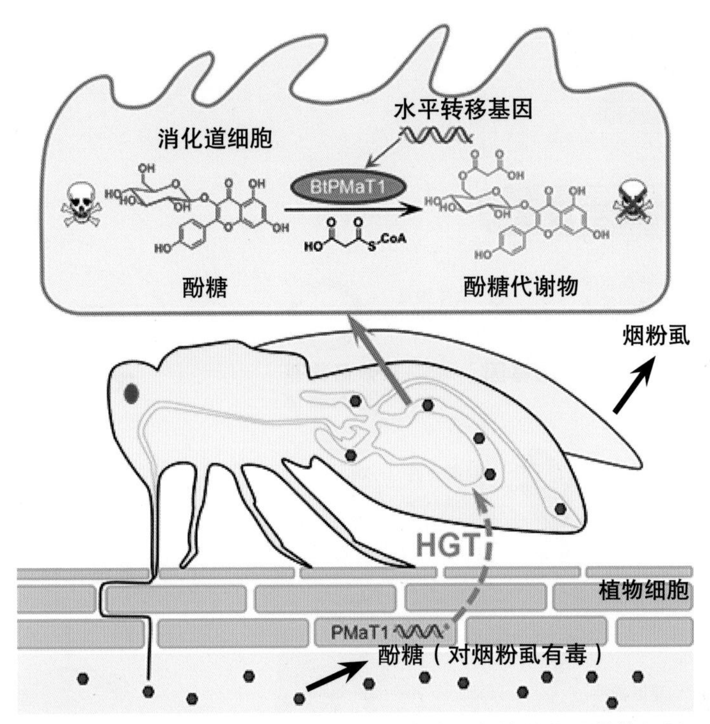

烟粉虱利用植物源HGT基因*BtPMaT1*在中肠解毒植物酚糖的机制

（图片来自我国科学家张友军等发表在*Cell*上的文章*Whitefly hijacks a plant detoxification gene that neutralizes plant toxins*，网址：https://www.cell.com/cell/fulltext/S0092-8674（21）00164-1）

在高等植物中，基因的水平转移也是广泛存在的。例如高等植物中普遍存在的异花授粉和天然杂交，能够将基因在近缘种之间进行转移。一种叫作农杆菌的微生物则可以在自然条件下，将自己的基因转移到很多种双子叶植物的基因组中。

在人类的基因组中，同样也存在着为数众多的来自细菌或者病毒的基因。

① 反转录转座子：指通过RNA为中介，反转录成DNA后进行转座的可动元件。

所以转基因技术并非一种对生物体基因组粗暴的人为介入，而是学习了自然界中天然存在的基因水平传递，在实验室中加以借鉴与模仿。

延伸阅读

转基因的基本过程

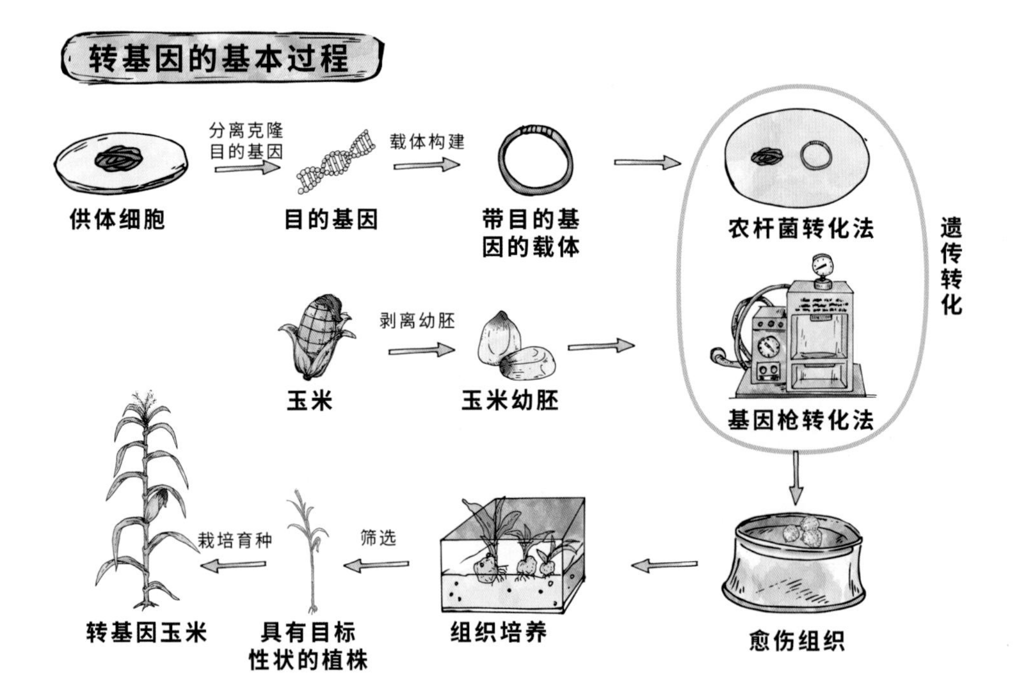

转基因技术主要分为4个步骤：

第一步，要获得需要转移的基因，即目的基因。其来源大体为两大类，从特定生物体基因组DNA中克隆[①]或者按照目的基因的序列进行人工合成。

第二步，将获取或者合成的目的基因进行载体构建，使其便于进行基因工程操作。其主要措施是将带有目的基因的DNA片段通过

① 克隆，是英文clone的音译。原意是通过扦插和嫁接对植物进行无性繁殖。在分子生物学中，则引申为对目的基因进行扩增，增加份数，也叫作DNA克隆、分子克隆。

特定的“核酸剪刀”（一类可以将DNA在特定位置剪断的酶）剪切、再通过“核酸胶水”（一类可以将核酸剪刀剪断的DNA片段重新连接起来的酶）黏合连接到运输载体（如质粒、T4噬菌体、动植物病毒等）上，同时在目的基因的上游融合一个启动子（一段具有启动目的基因表达的DNA片段），在目的基因的下游融合一个终止子（一段具有终止目的基因表达的DNA片段），形成重组DNA分子。这些运输载体要能够自我复制并具有多个选择性标记。

第三步，采取适当的技术手段，将目的基因转入目标生物体中，从而获得转基因生物个体。

在植物中主要采用农杆菌介导和基因枪介导两种方法。农杆菌中的质粒上有一段转移DNA（T-DNA）区域，通过侵染植物伤口进入细胞后，农杆菌可将T-DNA插入到植物基因组中。人们将目的基因插入到经过改造的T-DNA区，借助农杆菌的感染实现外源基因向植物细胞的转移与整合，这就是农杆菌介导。基因枪介导则是借助高压惰性气体（如氦气）将包裹有目的基因DNA片段的微弹（金粉或者钨粉）高速射入植物细胞达到基因转移的目的。两种方法都会通过多种阶段的组织培养将成功转入外源基因的细胞筛选出来，随后进行扩繁、诱导分化等步骤，使其发育成完整的转基因植株。

在动物中多采用的是显微注射法和体细胞核移植法。显微注射法是利用玻璃针将携带有目的基因的运输载体注入动物胚胎细胞核，再将胚胎移植到代孕动物的子宫里，使胚胎正常发育分娩，这是早期常用的获取转基因动物的方法。体细胞核移植法则是在动物克隆（如克隆羊多莉）的方法中，加入了基因转入环节。举例来说，取一只母羊体细胞的细胞核进行基因转入操作，同时将另一只母羊卵细胞的细胞核移除，之后将已经进行了转基因操作的体细胞细胞核转入无核的卵细胞中组成一个新的卵细胞，然后采取一些措施让第三只母羊进入假孕状态成为代孕妈妈，然后将这个新组合的卵细胞转入代孕母羊的子宫中，正常发育，直至分娩，得到转基因动物。

第四步，根据事先在运输载体中植入的选择标记，筛选出基因成功转入的转基因动物或植物个体。再将得到的转基因动物或者植物进行数代的人工选育，获得能够稳定表现转入遗传性状的个体，从而培育出具有优异性状的农作物或者家禽家畜新品种。

运用转基因技术，除了转入新的外源基因外，还可以对生物体原有的基因进行编辑改造，进而改变生物体的遗传特性，获得人们希望得到的性状。这种技术也被称为“基因编辑技术”。

转基因技术的优势是什么?

转基因技术是对传统育种技术的继承发展，可以在传统育种的基础上，创制新的育种材料，选育出全新的品种，解决传统育种难以解决的瓶颈问题。转基因技术始于美国，是欧美发达国家普遍应用的现代分子育种技术之一。我国后起直追，也取得了长足进展。

现在，各国培育出的一些转基因抗虫、转基因耐除草剂作物已经大面积推广应用，增加了作物产量，提高了农民收入，保护了生态环境，取得了显著的经济、社会和生态效益。转基因技术不仅可使生产者、消费者直接获益，而且在解决世界资源短缺和能源危机等方面也拥有巨大潜力。

趣味阅读

在自然界中，不同物种以及不同的个体都有各自的生存“特长”，比如抗虫、耐旱、抗寒等，然而采用常规育种技术，通过有性生殖将这些“特长”富集到同一个生物体上却并不容易。例如运用杂交育种技术把这些“特长”牢牢地归拢在一起的时间可能会长达几年甚至几十年。而如果亲缘关系过远的话，甚至都无法进行杂交育种。

转基因技术可以直接在基因层面将这些“特长”串联在一起，一起转移到同一种生物上，在保留原品种的优良性状的同时，获得新的“特长”。转基因技术缩短了育种时长，提高了育种效率，能够造就更多的“全能型”新品种，比如分解石油污染的超级菌、转基因抗虫棉花等。

转基因技术还能为我们带来超出想象的惊喜。比如将萤火虫发光的基因移入植物体内，植物就可以在紫外灯下发光；将在寒带生活的鱼的抗冻基因转入植物体内，在寒冷的条件下，植物也可以生长；将蛛丝蛋白基因转入山羊细胞中，等转基因山羊出生长大就会产出含蛛丝蛋白的羊奶，这种羊奶在特种工业领域具有广泛用途。

延伸阅读

自20世纪70年代转基因技术问世后，由于其普适性，很快成为现代生物技术的核心，引发了生命科学领域深刻而广泛的技术革命。40多年来，转基因技术一直在默默地为人类作贡献。

转基因技术可以促进增产

全球人口迅猛增长以及城市化过程中耕地面积不断减少，导致人均粮食需求越来越难以满足。对于第三世界国家来说，这个问题尤其突出。在传统作物中转入与生长调控相关的基因后，不仅可缩短农作物的生长周期，还可增加作物产量，使单位土地面积上的粮食产出得到大幅度提升。此外，转基因抗虫、转基因耐除草剂作物能够有效减少虫害、草害带来的产量损失，从而提升作物的产量。而在转基因动物中，通过转入快速生长的基因，能够提升动物的生长速度，有效缩短动物的生长周期，直观地增加动物产品产出速率。因此，转基因技术的应用对提升发展中国家的粮食产量、保障人们丰衣足食具有重要意义。

转基因技术使农作物的抗逆能力大大提升

通过对基因的编辑和转移，可使作物提高自身的“免疫力”，具备抵御病虫害的能力，从而大大减少农药和杀虫剂的使用，减少环境污染。例如棉铃虫是棉花的头号“灾星”，曾经给我国长江中

下游棉花产区带来毁灭性打击。而苏云金芽孢杆菌（Bt，*Bacillus thuringiensis*）则是棉铃虫的“克星”，其产生的晶体蛋白（Bt蛋白）能够杀死棉铃虫。将苏云金芽孢杆菌里的Bt蛋白基因转入棉花里，棉花也可以产生这种晶体蛋白，能杀死取食此棉花叶子的棉铃虫。转基因技术让棉花对棉铃虫产生了“免疫力”。

转基因技术不仅可以让作物抗虫，还能让作物耐受除草剂，从而帮助农民更方便地除掉田间杂草。比如大豆田里容易生长杂草，直接使用除草剂进行除草的话，会导致大豆也一起被杀死，杀敌一千，自损八百。而采用机械或者人工除草，不仅费时费力，还有可能伤及大豆。而种植转基因耐除草剂大豆就可以直接喷施除草剂，有效杀死杂草而对大豆没有影响，不仅节约了人工成本，而且提升了除草效率。

除此之外，人们利用转基因技术培育出很多具有“吞噬”汞、降解农药DDT（滴滴涕）、分解石油污染等作用的超级菌，在治理污染、保护环境方面发挥了奇效，堪称生态保护小能手。

转基因技术还给人们带来安全又物美价廉的生物工程药物和疫苗，甚至还能提供供人体移植的动物器官，解决了捐献器官来源有限的问题

大部分糖尿病患者需要注射胰岛素来控制血糖水平，如果采用从动物胰脏中提取胰岛素的方法，一个病人一年的用量需要从40头牛的胰脏中提取，产量有限，价格昂贵，很多病人将无法得到有效的治疗。后来，科学家利用转基因技术，将胰岛素基因插入到细菌的质粒中，请细菌来帮忙生产人胰岛素，解决了胰岛素供不应求、价格昂贵的问题，让胰岛素成为了普通大众都能用得起的药。人们还利用转基因技术，成功生产了人生长激素、干扰素、凝血因子、

血清白蛋白以及乙肝疫苗等，为人类生命健康提供了有力保障。

有些疾病，需要器官移植，病人才可延续生命。但可供移植的器官资源是有限的。科学家们发现猪的心脏跟人的心脏大小、功能相似。但把猪的器官放进人体会产生异体排斥，于是科学家通过转基因技术去除了猪器官中与排异反应相关的基因，这种转基因猪的心脏便可用于人体器官移植。

全球首例转基因猪心脏人体移植手术实施

光明网 Gmw.cn 2022-01-13 09:26

近日，据《纽约时报》等媒体报道，美国马里兰大学医学院外科团队成功为一位终末期心脏病患者移植猪的心脏。患者已安全度过器官移植后最关键的48小时，并计划撤除体外循环辅助设备，完全由猪心供血。据悉，这是人类历史上首例转基因猪心脏移植人体手术。

患者为一名57岁的男性，去年十月因突发严重胸痛被送入马里兰大学医学中心进行治疗，但病情并未好转。雪上加霜的是，该患者心律失常很严重，无法使用人工心脏，而等待人体器官移植又希望渺茫。这或许意味着患者余生只能在医院度过，直至最后死神降临。

鉴于此，他的主治医生提出了移植转基因猪心脏的想法。因没有更佳的选择，患者最终答应接受这一实验性的手术。

为了进行这次手术，马里兰大学医学院的医生向美国食品药品监督管理局请求紧急手术批准，并最终于去年12月31日获批。手术历时9个小时，“捐赠”心脏的是一头经过基因改造的一岁成年猪，由再生医学公司Reichart专门培育并提供。

针对此次器官移植手术，美国广播公司援引器官共享联合网络首席医疗官David Klassen的话说，这是一个转折点。不过，他也警告说，“这只是探索异种移植是否最终可行的第一步”。

目前，器官移植已经被社会普遍接受，它是解决很多终末期器官功能衰竭问题非常有效的手段，使成千上万生命垂危的病人摆脱了死亡阴影，并得以延续生命。

（来源：https://m.gmw.cn/baijia/2022-01/13/35444755.html）

为什么要发展转基因农作物?

作为现代生物技术的核心，转基因技术在培育高产多抗高效作物新品种、降低农药和肥料使用、缓解资源约束、保护生态环境、拓展农业功能等方面发挥了重要作用。目前，转基因技术已经成为各个国家抢占农业科技制高点和增强农业国际竞争力的战略重点，并已成为许多国家支撑农业发展、引领农业未来的战略选择。

趣味阅读

饱汉子不知饿汉子饥。当今社会的许多人，整天想要减肥，为控制不住嘴巴发愁。而在人类历史的长河中，饥荒如同摆脱不掉的恶魔，小饥荒三五年常有，大饥荒以几十到上百年的周期宿命般轮回。归根结底是因为当时的农业科技水平低下，不足以抵抗水灾、旱灾、虫灾以及战争等天灾人祸。

20世纪50年代初，为了解决发展中国家的粮食问题，世界范围内进行了一场以降株高为主要技术指标的生产技术活动，部分地区因此取得很好的增产效果。因为这场改革活动对世界农业生产的影响和蒸汽机在欧洲所引起的产业革命一样重大，所以称为“第一次绿色革命”。

20世纪后半叶，随着全世界人口的不断增加，第一次绿色革命所带来的粮食增产效应已经不足以弥补人口迅速增长带来的粮食缺口。在一些经济发展落后的国家和地区，饥荒卷土重来。

到21世纪末，全球人口数量将从现在的80亿上升到88亿～100亿，我们将面临一个巨大的挑战：如何在喂饱这么多人的同时又不破坏生态环境?

土地是农业的根基，水是农业的命脉。各个国家的耕地面积和水资源都是有限的。这决定了农作物增产不能通过无限扩张耕地面积来实现。

各国的农业政策必须建立在有限的土地和有限的水资源这两个根本性的约束条件下。而全球气候变化以及环境污染，给农业生产带来了新的挑战。如何适应变化莫测的气候条件，如何战胜与气候变化伴随出现的病虫害，确保粮食稳产增产，都是各国农业将要面对的严峻挑战。

因此，人们呼唤第二次绿色革命。如果说第一次绿色革命的核心是作物高秆变矮秆，第二次绿色革命的核心，就是以基因工程为内核的现代生物技术。通过定向调配自然界的优质基因资源，以及对基因组进行改良修正等方式，培育出兼备多种优良性状且对自然环境友好的动植物新品种和功能菌种，在促进农业生产及其方式变革的同时，确保环境可持续发展。

现在，积极推进以转基因技术为代表的生物技术研究，加快转基因、基因编辑等农作物新品种的培育，抢占生物育种领域高地，已成为大多数发达国家和许多发展中国家的重要战略目标。

（“BT+IT”助力现代生物育种产业升级，实现弯道超车）

延伸阅读

农药和化肥都是重要的农业生产资料。农药可防治病虫草害，化肥则在促进农作物稳产高产中发挥着重要作用。

但在实际生产中，农药化肥的过量施用和施用方法不够科学，导致了农药残留超标、作物药害、土壤和水体污染等问题。全球范围内，每年都有农药中毒的事件发生。同时过度使用农药化肥，还增加了生产成本，加重了农民负担。

鳞翅目的棉铃虫严重为害棉花的生长，鳞翅目的玉米螟虫严重为害玉米的生长，这些都会导致大规模减产。过去只靠大量喷施农药控制虫害，结果害虫对农药产生抗性后，大剂量的农药都无法杀死害虫，而农民却因接触大剂量农药而中毒。当农药已经无法遏制病虫害，该怎么办？

土壤中的苏云金芽孢杆菌中的*Bt*基因表达产生的Bt蛋白，具有很好的杀虫特异性，对鳞翅目害虫是“烈性毒药”，但对自然界的非鳞翅目昆虫和其他生物则是无害的，对人类也是无害的。科学家利用转基因技术，将*Bt*基因转入棉花以及玉米中，让棉花和玉米也能自己产生抗虫蛋白，摇身一变成为抗虫棉和抗虫玉米，不再害怕棉铃虫和玉米螟虫了。

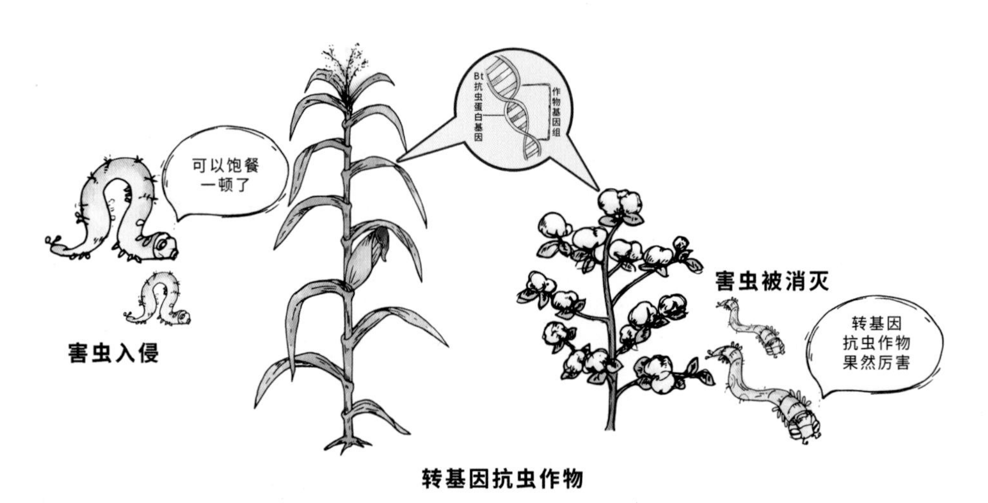

转基因抗虫作物

当鳞翅目害虫啃食抗虫棉或抗虫玉米时，同时也摄入了*Bt*基因表达的Bt蛋白。Bt蛋白在害虫肠道内被激活，造成害虫肠道穿孔而死亡。这种蛋白只有与鳞翅目害虫肠道细胞上的特异性受体结合时，才能发挥杀虫作用。因此，对自然界中没有这种结合位点的大部分昆虫和其他生物，包括人类来说，只是一种普通的可以正常消化掉的蛋白质。

一般来说，农药只对停留在作物表面的害虫有效。而转基因抗虫作物由于植株自身带有Bt蛋白，即使害虫藏在植株内部，也可以被有效杀死，例如钻进茎秆的欧洲玉米螟和躲在棉花球里的棉铃虫。

1996年，转基因抗虫作物在美国正式商业化应用。在此之前，因其安全性高，Bt蛋白已作为生物农药在有机农业中使用了多年，

现在全球的很多有机农产品种植者仍在使用Bt蛋白。也就是说，在转*Bt*基因的抗虫农作物面世之前，人们已经接触并使用Bt农药达数十年之久，其安全性通过了时间的考验。此外，美国国家环境保护局（EPA）和美国食品药品监督管理局（FDA）在批准转基因抗虫作物上市前，参考了大量的研究资料，进行了充分的安全评价实验，证明了转基因抗虫作物的安全性。

种植转基因作物能够减少农药化肥的使用，降低了农业生产对环境的负面影响，对农业的可持续发展至关重要。现在，我国转基因技术自主研发能力也在不断地增强，水稻、玉米、大豆等主要作物的转基因新品种不断涌现，转基因科研体系日趋完善。

为什么有了杂交育种还要搞转基因育种？

在农业生产中，优良品种是提高农作物产量、改善农作物品质的关键。在过去，普遍应用杂交育种技术来培育新品种。杂交育种必须借助有性生殖，把具有不同优良性状的品种进行杂交，然后在杂交后代中一代一代地进行筛选，直至找出集母本和父本优良性状于一身，且能稳定遗传下去的良种品系，这一过程可能需要几年甚至几十年的时间，是一项既需要技术，又需要耐心，同时也要靠运气的育种方式。

在杂交育种中，母本和父本的遗传物质，以染色体为单位进行整合。每条染色体含有很多基因，这些基因往往会干扰预期的母本和父本优质基因的整合，这就是杂交育种往往耗时数年的根本原因。

转基因技术则以基因为单位，转入的基因是确定的，避免了漫无目的组合过程，相对精准可控。

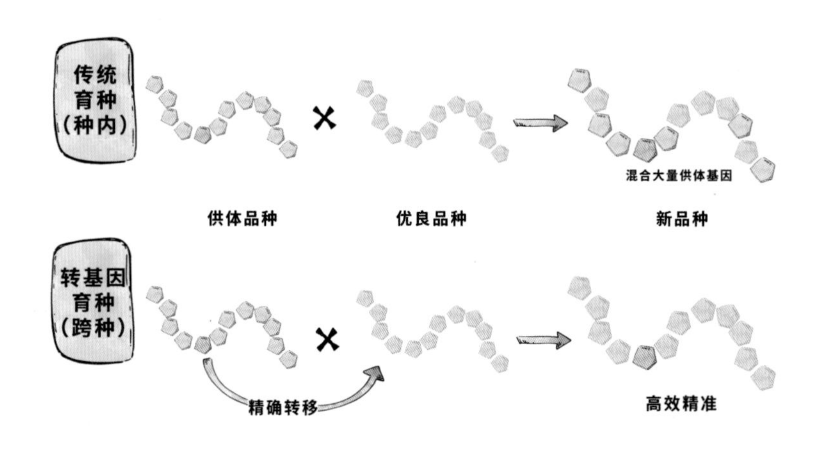

趣味阅读

转基因技术和传统育种技术在本质上是相同的，都是通过优质基因的整合，获得我们需要的优良性状。区别在于，作物获得目的基因的方法不同。

杂交育种可以将同一物种里两个或多个优良性状集中在一个新品种中，还可以产生杂种优势，获得比亲本品种表现更好的新品种。而且，杂交育种相对来说操作比较简单，易于开展，是目前使用最广泛的育种技术之一。但是，杂交育种技术一般情况下必须在同物种中进行，基因的来源有限，且由于性状组合是随机的，导致育种精准程度不高，育种时间较长。比如杂交水稻想要高产，就需要在水稻家庭中寻找具有高产性状的品种，想办法通过不同品种之间的“联姻”，将该优良性状保留下来。杂交育种过程的选育周期相对较长，有的需要科研人员数年甚至几十年不断努力，才有可能

培育出符合人们预期的新品种。而且杂交育种有着自身无法克服的局限性，如果人们需要的某种性状的对应基因在该物种的大家庭中根本不存在，杂交育种就无能为力了。

转基因育种技术很好地解决了这一问题。通过转基因技术，科学家可以跨越物种“借”来特定的基因，拓宽了育种基因来源的同时实现对品种性状的精准改善，大幅度地缩短了育种时间。

由于杂交育种技术实质是染色体层面上的操作，像是在一片朦胧的迷雾中，通过不断试错进行摸索。转基因技术则像是在清晰的视野中，用远比外科手术更细致的操作手段，精准地在分子水平层面转移目的基因。

转基因育种技术与杂交育种技术相结合，给农业的未来带来了更多可能。

延伸阅读

据不完全统计，全球已经有150多种植物（包括大多数农作物）先后进行了转基因改良，其中包括小麦、水稻等粮食作物。目前，全球批准商业化种植的转基因作物已增加至30多种，包括玉米、大豆、棉花和油菜等，主要性状是抗虫和耐除草剂。

转基因育种打破了物种之间遗传壁垒，让人觉得不可思议。其实，在自然界中，这种遗传物质的传递方式早已存在，属于基因的水平传递。单个物种的优良基因是非常有限的。而自然界的不同物种中储存着非常丰富的优良基因。物种的进化仅仅依赖基因突变的话，其速度将远低于自然历史中物种真实的进化速度。不同物种间基因的水平传递大大地加快了物种进化速度。

转基因技术不仅加快了育种速度，同时也丰富了农作物改良的内容，如增产、高品质、抗病、抗虫等。转基因育种技术还能赋予农作物生产药用产品的功能，如能够生产人血清白蛋白的水稻等，这是杂交育种技术无法企及的。

转基因技术研发历程

梳理一下分子生物学的发展历史。

1856—1863年，奥地利科学家孟德尔通过长达8年的豌豆杂交试验，提出了遗传因子的概念，并发现了著名的孟德尔遗传学三大定律：孟德尔遗传分离规律、孟德尔自由组合规律和孟德尔显性遗传规律。

1868年，瑞士青年学者弗里德利克·米歇尔从外科绷带上的脓细胞的细胞核中分离得到一种含磷较高的物质，这就是历史上第一份核酸粗制品。1872年米歇尔进一步发现该物质呈酸性，且内部结合有含氮的碱性化合物，该物质后被证实为核蛋白（核酸与蛋白质的结合物）。

1910—1911年，美国科学家摩尔根用果蝇作为实验材料，证明了基因位于细胞中的染色体上，提出了染色体遗传理论，并发现基因的连锁规律，然而并不知悉基因是何种物质。

1944年，美国的埃弗雷、麦克利奥特及麦克卡蒂等人通过肺炎链球菌的转化实验（格里菲斯实验）证实了引起细菌遗传改变的物质是DNA。

1945年，生命科学领域首次使用分子生物学这一术语，主要指针对生物大分子的化学和物理结构的研究。

1950年，埃尔文·查戈夫发现了DNA中碱基的配对规律（Chargaff规则），即G（鸟嘌呤）=C（胞嘧啶），A（腺嘌呤）=T（胸腺嘧啶），以及DNA具有典型的螺旋结构。

1953年，美国科学家沃森和英国科学家克里克提出DNA双螺旋结构模型。

1970年，美国科学家史密斯从流感嗜血杆菌中分离出第一个Ⅱ类限制性内切酶，这种酶可以识别DNA中的一个特定靶序列，是开展基因重组的基础工具。

1972年，美国斯坦福大学伯格等人把一种猿猴病毒的DNA与λ噬菌体DNA用同一种限制性内切酶切割后，再用DNA连接酶把这两种DNA分子连接起来，产生一种新的重组DNA分子，基因克隆技术由此产生。

1973年，美国发明出重组DNA技术，并培育出全球第一个转基因大肠杆菌。

1974年，德国科学家鲁道夫·坚尼斯用显微注射法将病毒SV40的DNA导入小鼠的胚囊中，并在子代小鼠的组织中检测到了SV40的DNA。1980年，耶鲁大学的乔恩·戈登等应用显微注射法，首次成功地将疱疹病毒和SV40的DNA片段导入小鼠受精卵中，获得了相应的转基因小鼠。1982年，帕尔米特等将大鼠生长激素基因显微注射到小鼠受精卵中，获得了体重为正常小鼠2倍以上的“硕鼠”。

1983年诞生了全球首例转基因植物——转基因烟草。

随后转基因水稻、转基因玉米、转基因小麦、转基因马铃薯等粮食作物，转基因大豆、转基因油菜等油料作物，转基因番茄、转基因西葫芦、转基因茄子等蔬菜，转基因防褐变苹果、转基因番木瓜等水果，转基因牛、转基因羊、转基因猪、转基因三文鱼等动物，相继问世，使更为丰富多样的食品选择成为可能。

（“守身如玉”——基因沉默让苹果防褐化）

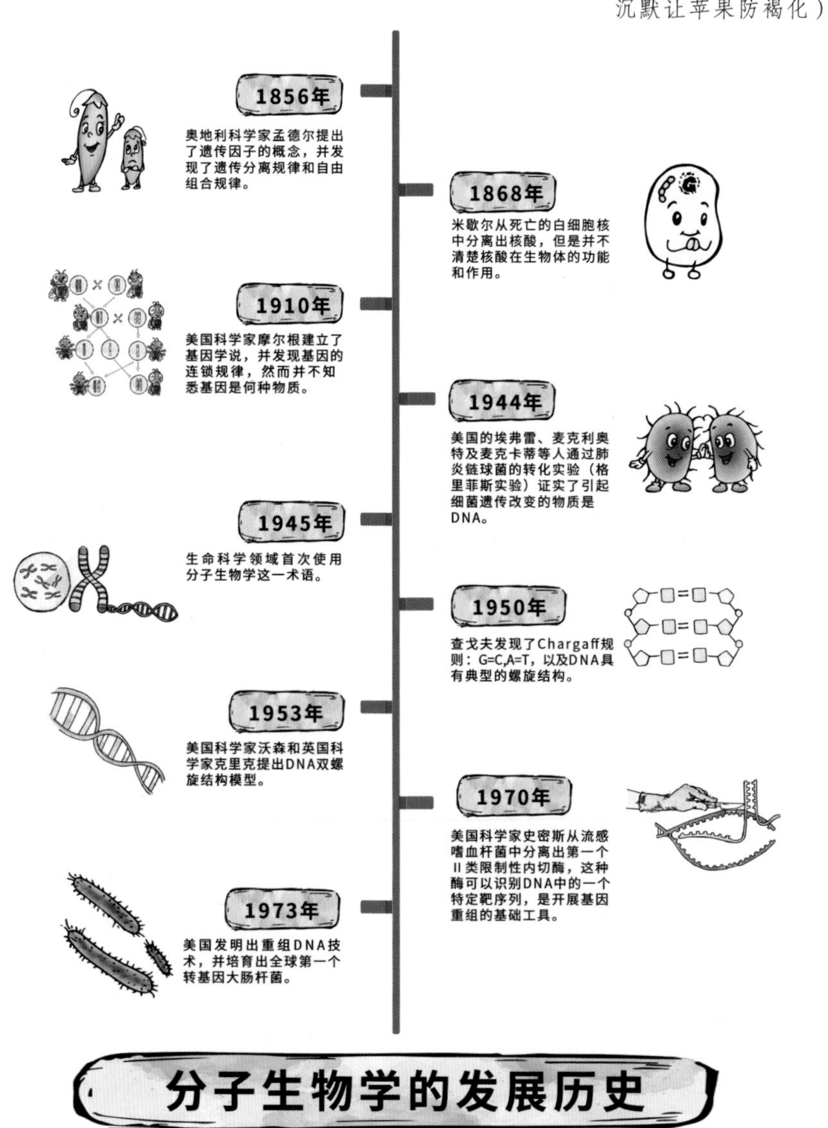

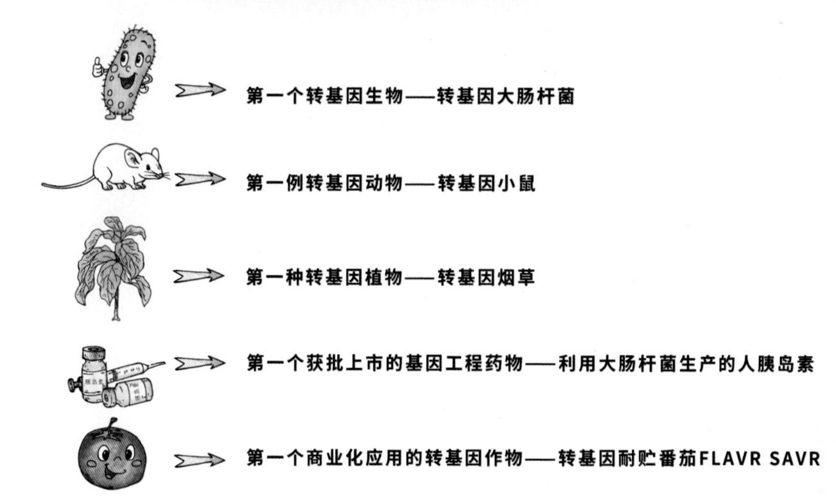

自1996年转基因作物开始大规模商业化种植以来，转基因研究的领域不断扩大。截至2022年，有多种转基因（基因编辑）食品在国外投入市场，转基因蔬菜中，转基因茄子、转基因豇豆、转基因番茄等被批准用于食品；转基因水果中，转基因番木瓜、转基因苹果、转基因菠萝等被批准用于食品；转基因动物中，基因编辑牛和转基因三文鱼等被批准用于食品。

（究竟有无风险？一起科学认识基因编辑肉牛）

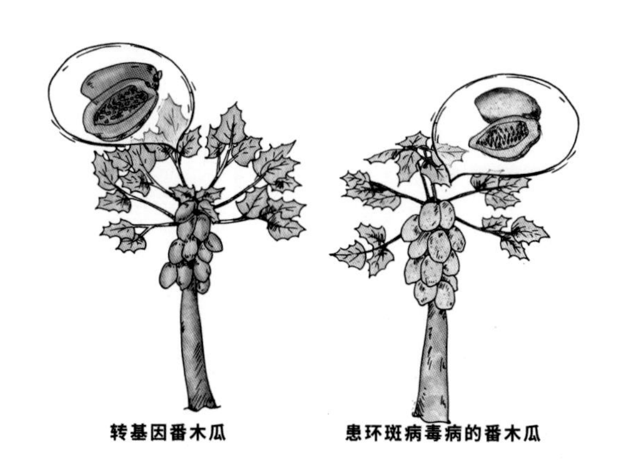

在国外，基因编辑肉牛PRLR-SLICK于2022年被批准用作食品，但目前仅向定向客户提供，预计在2024年之前完全投入食品市场；转基因三文鱼Aqua Advantage于2015年被批准用于食品。转基因山羊的羊奶于2009年被批准用于制造生物制品ATryn（抗凝血酶Ⅲ）并作为保健品食用；转基因鸡的鸡蛋用于制造生物制品Kanuma（治疗溶酶体酸脂肪酶缺乏症的药物）；转基因兔子的兔奶用于制造生物制品Sevenfact（重组凝血因子Ⅶa-jncw）；转基因猪主要用于医药领域。

（植物防疫卫士——烟草里生产新冠疫苗）

趣味阅读

生产人血清白蛋白的水稻

人血清白蛋白（HSA）是一种应用广泛、需求量大的临床用药，主要用于治疗失血、烧伤、烫伤、低蛋白血症、肝硬化、肾水肿等，有“黄金救命药”之称。通过将人血清白蛋白基因植入水稻，使水稻大量合成人血清白蛋白，而后通过蛋白分离纯化技术从转基因大米中分离纯化出人血清白蛋白，得到纯度大于99.9999%的白蛋白产品——植物源重组人血清白蛋白（OsrHSA）注射液，被称作稻米“造血”技术。植物源重组人血清白蛋白是国际上首个基于水稻胚乳细胞生物反

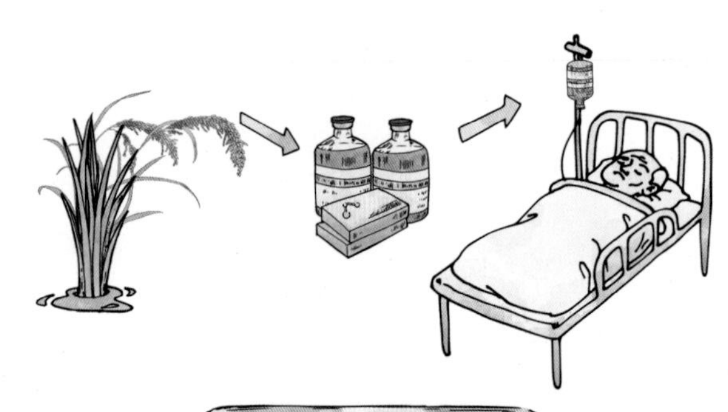

可生产人血清白蛋白的水稻

应器生产的一类创新药，该产品上市后有助于缓解人血白蛋白供应紧张局面。

富含植酸酶的玉米

植酸酶是一种动物饲料添加剂，可将植酸磷（植物中一种含磷化合物，无法被动物吸收利用）分解成无机磷（能够被动物吸收利用），大约可以将植物中的植酸磷利用效率提高60%，并可降低动物粪便中大约40%的磷含量。但工业发酵生产植酸酶成本高，导致饲料成本也水涨船高。而转基因植酸酶玉米将能够减少植酸酶添加剂的用量，使饲料成本降低2/3，同时能够减少动物含磷排泄物对环境的污染。

（绿水青山里的低碳农业——转植酸酶玉米）

产抗凝血药的山羊

利用转基因技术可以使转基因山羊的羊乳中含有重组人抗凝血酶。2006年8月，来源于转基因山羊的重组人抗凝血酶Ⅲ药物（ATryn）在欧洲获准上市，成为世界上第一个通过转基因动物乳腺生物反应器生产的重组蛋白新药。ATryn可用于冠状动脉旁路手术，也能用于治疗烧伤、败血病等。

产含有人胰岛素牛奶的奶牛

2007年，阿根廷科学家成功培育出4头能够产含有人胰岛素牛奶的转基因奶牛。这种牛奶通过提纯和精炼后，就能提取出胰岛素，从而有效降低胰岛素生产成本。

产含有人胰岛素牛奶的奶牛

能够供人体器官移植的猪

美国食品药品监督管理局（FDA）批准了一种转基因家猪——GalSafe（半乳糖安全）猪上市，这种家猪通过转基因技术消除了猪细胞表面的α-半乳糖。这是FDA批准的首个可以同时用于人类食物消费和作为潜在治疗来源的动物。α-半乳糖是在异种器官移植中导致急性免疫排斥的主要因子，存在于除人类以外的哺乳动物体内。一部分人在食用含有α-半乳糖的肉类后，会引发过敏。因此，GalSafe猪不仅可以为过敏者提供安全食用的肉类，同时还可以用于为过敏者生产药物，包括不含α-半乳糖的血液稀释药物肝素等。不仅如此，科学家也正在研究将猪器官移植在人类身上，而GalSafe猪的组织和器官在解决接受异种移植患者的免疫排斥问题上很有潜力。

（“二师兄”的新奉献——猪心脏移植）

美国的基因编辑猪上市了：既能当肉吃，也能生产药物

播报文章

科技日报
2020-12-29 14:52 | 科技日报社
关注

◎ 科技日报记者 马爱平

由美国医疗公司Revivicor研发的**基因编辑猪"GalSafe猪"12月14日获得美国食品与药物管理局（FDA）的批准，既可食用也可用来生产医疗产品。**科学家通过基因工程手段，敲除了在猪细胞表面添加α-半乳糖（Alpha-gal）的蛋白酶，**那些对肉类过敏的普通人群因此可以放心安全地食用这种基因编辑猪。**

此外，"GalSafe猪"还可以用来生产类似于肝素的药物，它的组织和器官还可能潜在地解决患者接受异种器官移植后的免疫排斥问题。

（来源：https://baijiahao.baidu.com/s?id=1687394472332651602&wfr=spider&for=pc）

二

应用篇

转基因技术目前应用情况

转基因技术在医药领域、农业领域、工业领域、环保领域、能源领域的应用取得了累累硕果。

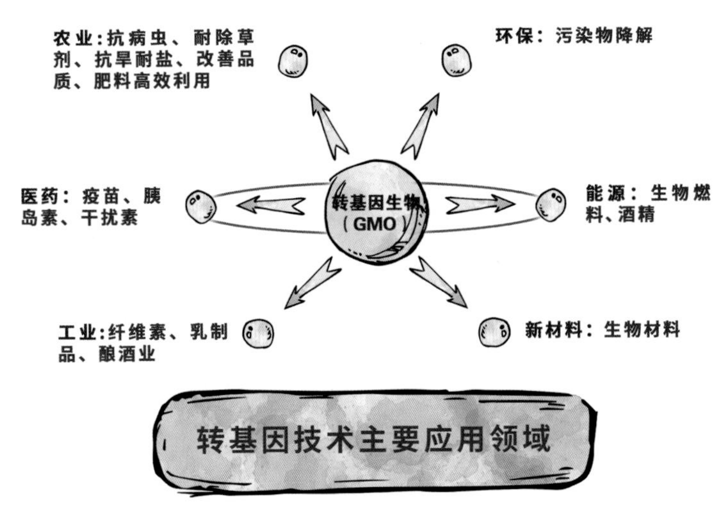

转基因技术主要应用领域

医药领域最早开始应用转基因技术，1982年美国食品药品监督管理局（FDA）批准了利用转基因微生物生产的人胰岛素进行商业化生产，该胰岛素是世界首例商业化应用的转基因产品。此后，利用转基因技术生产的药物层出不穷，如重组疫苗、干扰素、人生长激素等。

第二个广泛应用转基因技术的是农业领域，包括转基因植物和动物的培育。其中转基因植物发展最快，具有抗虫、抗病、耐除草剂等性状的转基因作物已经在全球进行大面积推广。截至2019

年，全世界有71个国家和地区开展转基因作物推广和应用，美国、巴西、阿根廷是最主要的转基因农产品生产国。产业化种植的转基因作物包括大豆、棉花、油菜、玉米等，主要性状是抗虫和耐除草剂。近年来，品质改良、养分高效利用、抗旱耐盐碱等性状的转基因作物也纷纷问世。

2019年是转基因作物商业化的第24年，29个国家种植了1.91亿公顷的转基因作物。在过去的23年（1996—2018年）中，转基因作物为全球带来了2249亿美元的经济效益，惠及超过1700万农民，其中95%为小农户。

全球农业转基因产业化应用发展迅猛

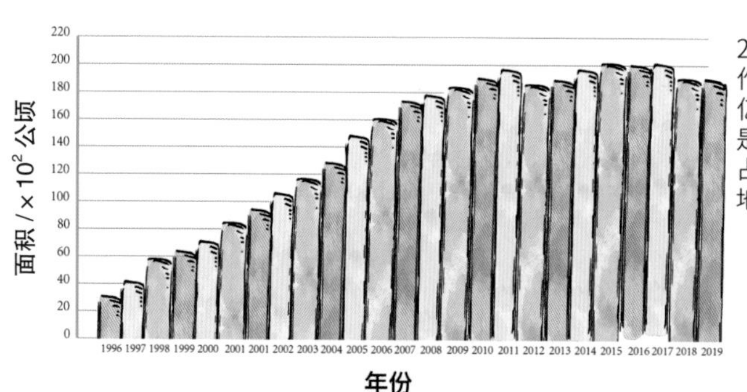

2019年，全球转基因作物种植面积达1.91亿公顷（28.6亿亩①）是1996年的115倍，占全球15亿公顷耕地的约12%

［来源：ISAAA
（国际农业生物技术应用服务组织）］

转基因技术在工业中的应用也有长久历史，如利用转基因工程菌生产食品用酶制剂、添加剂和洗涤酶制剂等。此外，转基因技术还广泛应用于环境保护和能源领域，如利用转基因细菌进行污染物的生物降解以及利用转基因生物发酵获取燃料酒精等。

（全球转基因作物带来的“金山银山”和“绿水青山”）

① 1亩约为667平方米。全书同。

趣味阅读

基因工程菌

将目的基因转入细菌或真菌体内使其表达，产生所需要的蛋白质，这些细菌或真菌被称为基因工程菌，如生产重组人胰岛素的大肠杆菌、生产乙肝疫苗的酵母菌等。现代社会中，很多药物都是利用转基因技术生产出来的，安全性好且成本低。治疗糖尿病的胰岛素是最常见的转基因药物。在转基因技术问世之前，只能从动物的胰脏中获取胰岛素，提取数量少且价格昂贵。转基因技术出现后，人们将人类胰岛素基因从染色体上剪切下来，转入到质粒上，再把携带胰岛素基因的质粒让大肠杆菌或者酵母菌吞入，这样，这些大肠杆菌或酵母菌就可以生产人类的胰岛素。大肠杆菌和酵母菌等微生物生命周期短、繁殖快，便于采用工业化方式快速高效提取胰岛素，使得胰岛素的生产成本大大降低，让胰岛素从有钱人的专属药物，变成了普通老百姓，甚至经济条件差的人群也能用得起的常规药物。

延伸阅读

事实上，转基因产品早已进入了人类的生活。比如利用基因工程菌生产出的食品酶制剂、食品添加剂，早已经是食品工业不可或缺的一部分了。

奶酪中的凝乳酶。凝乳酶是干酪生产中使乳液凝固的关键，对干酪的质构形成及特有风味的形成非常重要。凝乳酶是利用转基因技术改良菌种后生产出来的第一种食品酶制剂。目前，已有超过17个国家采用转基因微生物生产的凝乳酶制作干酪。

啤酒中的α-乙酰乳酸脱羧酶。双乙酰是啤酒生产中影响啤酒风味的重要物质。双乙酰含量超过0.15毫克/升时，啤酒就会产生馊饭味，影响啤酒品质。采用基因工程技术改造后的啤酒酵母，能够合成α-乙酰乳酸脱羧酶来降低啤酒中双乙酰的含量，从而保证了啤酒的品质。

在工业领域，转基因技术可用于生产洗涤剂中的各种酶制剂，如纤维素酶、蛋白酶等。1913年德国科学家在洗涤剂中加入从猪胰腺提取的胰蛋白酶，这是家化市场中最早的含酶洗涤剂。但从猪胰腺提取的胰蛋白酶稳定性和活性不高，在当时并没有引起人们的关注。直至1963年Novo公司研制出耐碱并且可洗涤带血渍衣物的重组蛋白酶（由基因工程菌生产），含酶洗涤剂才成为市场热点。接下来，人们把利用基因工程菌生产的淀粉酶、纤维素酶和脂肪酶等应用于洗涤产品中，洗涤效果都很好。同时，随着人们对洗涤温度、洗涤剂的浓度和费用等提出越来越高的要求，科学家们也在利用转基因技术生产更加符合市场需求的洗涤酶制剂。

转基因作物在美国的应用

美国是转基因技术研发大国。1983年首例转基因烟草由美国孟山都公司（2018年被拜耳收购）研发成功，1996年转基因作物在美

国首次进行商业化种植。时至今日，美国依然是全球转基因作物种植面积最大的国家，同时也是全球最大的转基因产品生产国和转基因食品消费国。2022年，美国转基因作物种植的总面积超7000万公顷，接近全球转基因作物种植总面积的40%，其中转基因大豆种植面积为3396万公顷，转基因玉米种植面积为3385万公顷，转基因棉花种植面积为473万公顷，转基因大豆、转基因玉米、转基因棉花的种植面积分别占美国该类作物种植总面积的95%、93%和96%。

此外，根据国际农业生物技术应用服务组织（ISAAA）公布的2019年转基因作物种植数据，美国种植的转基因作物还有转基因紫花苜蓿（128万公顷）、转基因油菜（82万公顷）、转基因甜菜（45.4万公顷）、转基因马铃薯（1780公顷）、转基因南瓜（约1000公顷）、转基因木瓜（约405公顷）、转基因苹果（265公顷）等。

趣味阅读

“美国人不吃转基因食品”这是流传已久的谣言。实际上，美国是名副其实的转基因食品消费大国。美国农业部（USDA）曾做过官方介绍，美国国内生产的90%以上的玉米和大豆均为转基因产品，50%以上的转基因大豆和80%以上的转基因玉米在美国国内消费。美国民众一直在消费转基因食品。

转基因作物由于在耕种模式以及农田环保上的优势，美国农民更是对其由衷热爱。美国农民和牧场联盟（USFRA）对280多名美国农民的调查结果显示，美国农民喜爱转基因作物的原因主要包括3个方面：环保效果好、田间效率高、增产表现佳。

延伸阅读

2021年，美国转基因玉米的产量为33876万吨，其中7004.2万吨（约21%）用于出口。美国国内玉米消费中，45%左右的转基因玉米用于饲料，55%左右的用于食品、种子和工业，近年来用于食品、种子和工业的比例不断增加。2021年美国转基因大豆的产量为1.16亿吨，其中5305.1万吨用于出口，在美国国内90%以上的用来制作大豆油和畜禽饲料，一小部分供美国消费者直接食用。此外，由转基因油菜生产出来的植物油也会在美国的商店里出售。

食品加工业大量采用转基因大豆和转基因玉米作为加工原料。比如转基因玉米被加工成玉米油、玉米粉和玉米淀粉，玉米粉被用来制作面包等。还有的转基因玉米被加工制作成甜味剂，加入各种饮料中。动物饲料中也大量采用转基因大豆和转基因玉米。

转基因大豆与阿根廷农业

阿根廷农业的崛起可以追溯至20世纪70年代初大豆种植业的兴起。

阿根廷不是大豆的原产地，大豆是由阿根廷国家科学院引进的。早期引入的大豆产量相对较低，后来经过不断的品种改良，产量直线上升、种植面积逐步扩大，阿根廷大豆开始进入国际市场，搭上了国际贸易这艘巨轮。

随着国际市场的需求增加，阿根廷的大豆种植面积进一步扩大，农民从大豆贸易中获利颇丰。然而大量施用农药和化肥造成了大豆生产成本上升，降低了其在国际贸易市场的竞争力。在新自由主义贸易政策的影响之下，阿根廷农业部批准引进首批商用转基因耐除草剂大豆。

转基因大豆传入阿根廷不久，便以其产量以及成本优势迅速扩张，并取代了其他品种大豆。2021—2022年度，阿根廷转基因大豆种植面积在1700万公顷左右，转基因大豆（压榨油籽和饲用油籽）的国内消费量分别为4025万吨和721万吨，出口量为516万吨。转基因大豆的应用，使阿根廷一跃成为全球农业出口大国。

转基因耐除草剂大豆

趣味阅读

有谣言称转基因大豆毁掉了阿根廷农业，实际上是转基因大豆托举起了阿根廷农业。

阿根廷是全球率先采用转基因作物的国家之一。2019年，阿根廷仍然保持着全球第三大转基因作物生产国的位置，仅次于美国和巴西，其转基因作物种植面积占全球转基因作物种植总面积的12.60%。阿根廷2019年种植了2400万公顷转基因作物，主要包括1750万公顷转基因大豆、590万公顷转基因玉米、48.5万公顷转基因棉花和1000多公顷转基因苜蓿。

转基因技术让大豆密植成为可能，不但提高了单位面积产出，而且降低了除草的人工成本。阿根廷在过去的20多年间，大豆种植面积扩大了2倍，产量增加了3倍，阿根廷农民也因种植转基因大豆收入大幅提升。仅凭借转基因品种替换常规品种，阿根廷大豆产业就直接多获得超过1100亿美元的利润。

阿根廷是转基因技术造福农民以及提升国家农业竞争力的良好范例。

延伸阅读

阿根廷的比较优势是农业，农业的发展很大程度上决定着其经济发展，政府每年税收中约10%都是来自农产品贸易。大豆及豆制品是阿根廷农业中最重要的支柱。全球大豆油主要由阿根廷出口，2019年，阿根廷的大豆油出口量为560万吨，占全球大豆油总出口量的46.8%。实践证明，大豆是最适合阿根廷农民种植的经济作物。

目前，阿根廷种植的大豆已经几乎全是转基因品种。另据国际农业生物技术应用服务组织（ISAAA）2019年数据，阿根廷玉米和棉花的转基因品种应用比例也分别高达93%和100%。这些转基因作物品种的性状以抗虫、耐除草剂为主。近年来，两个及多个性状复合的转基因产品的应用比例正逐渐升高甚至超过半数。

截至目前，阿根廷共批准了68项转化体。转基因技术主要来自国际大型跨国种子公司，如孟山都（2018年被拜耳收购）、先锋、巴斯夫、先正达（2017年被中化集团收购）。2019年，由我国自主研发的转基因大豆品种获得了阿根廷政府的种植许可，并开始小规模种植，为阿根廷的大豆产业提供了新的选择。

我国转基因研发和产业化情况

我国的转基因技术研发已经达到了国际先进水平。具体表现为，技术上实现了从低效到高效的转变；转基因对象由少到多，功能基因实现了多样化；部分转基因产品已经取得农业转基因生物安全证书；转基因重大专项的实施，使得转基因生物新品种研发技术体系得到进一步完善。我国在转基因技术研究方面申请的基因专利数量位居世界第二位，仅次于美国，我国商业化应用的转基因产品也几乎全部实现国产化。

我国已获得一批性状表现达到国际先进水平、安全性完全有保障、产业发展潜力巨大、可与国外大公司抗衡的转基因品种，亟待走向产业化。2021年2月18日，农业农村部发布《农业农村部办公厅关于鼓励农业转基因生物原始创新和规范生物材料转移转让转育的通知》，该通知一方面支持农业转基因生物研发创新，另一方面鼓励企业在农业转基因生物推广应用上发挥主导作用，这为我国农业转基因生物产业化发展注入了“强心剂”。

（中国转基因作物研发史）

农业农村部办公厅关于鼓励农业转基因生物原始创新和规范生物材料转移转让转育的通知

日期：2021-02-18 15:28　作者：　来源：农业农村部科技教育司　【字号：大 中 小】　打印本页

各省、自治区、直辖市农业农村（农牧）厅（局、委），新疆生产建设兵团农业农村局，各有关单位：

为贯彻党的十九届五中全会、2020年中央经济工作会议、2020年中央农村工作会议及全国农业农村厅局长会议精神，充分发挥生物育种创新在塑造农业科技竞争新优势中的核心作用，根据《生物安全法》《种子法》《农业转基因生物安全管理条例》等法律法规，进一步促进和规范农业转基因生物研发应用相关活动，有关事项通知如下。

一、鼓励原始创新，支持高水平研究。支持从事新基因、新性状、新技术、新产品等创新性强的农业转基因生物研发活动，新研发的农业转基因生物应比同类已获批生产应用安全证书的有所突破、有所创新、有所进步。不支持低水平、同质化研发活动。

二、强化产品迭代，支持高水平育种。以生产中的主推品种为基准衡量生物育种水平，鼓励已获生产应用安全证书的农业转基因生物向优良品种转育，转育的品种综合农艺性状应不低于当地主推品种。

（来源：http://www.moa.gov.cn/govpublic/KJJYS/202102/t20210218_6361738.htm）

趣味阅读

我国于20世纪80年代开始转基因技术研发，是开展此技术研发最早的国家之一。国家先后对转基因发展作出了系列部署，比如国家高技术研究发展计划，也就是常说的“863计划”，将功能基因克隆、转基因操作以及转基因生物新品种培育技术等列入了研究计划；再比如国家重点基础研究发展计划，也就是“973计划”，对转基因生物安全评价与风险控制予以重点支持；科技部、财政部联合启动了“国家转基因植物研究与产业化专项”；2006年，国务院发布《国家中长期科学和技术发展规划纲要（2006—2020年）》，把转基因生物新品种培育列为16个国家科技重大专项之一；2008年，国务院批准启动实施转基因生物新品种培育科技重大专项；同年10月，党的十七届三中全会强调，实施转基因生物新品种培育科技重大专项，尽快获得一批具有重要应用价值的优良品种。作为农业领域唯一的国家重大科技项目，该专项研究的目标是获得一批具有重要应用价值和自主知识产权的基因，培育一批抗病虫、抗逆、优质、高产、高效的重大转基因生物新品种，提高农业转基因生物研究和产业化整体水平。2020年中央经济工作会议提出，要尊重科学、严格监管，有序推进生物育种产业化应用。2022年，启动实施了农业生物育种重大项目。由此可以看出，我国一贯以来都高度重视农业转基因技术的发展，并且坚持把发展转基因作为增强农业核心竞争力、把握农业产业发展主动权的国家重大科技战略。

转基因重大专项实施以来，我国建立起涵盖基因克隆、遗传转化、品种培育、安全评价等全链条的转基因技术体系。克隆具有重要育种应用价值的抗病虫、抗逆等性状的关键基因252个，部分重要基因已开始应用于转基因新材料创制。这些成果打破了发达国家和跨国公司基因专利的垄断。近年来，一批抗虫水稻、高植酸酶玉米、抗虫玉米、耐除草剂大豆、节水抗旱小麦等原创性重大产品研发和安全评价取得新进展。总体上，我国在转基因技术研究方面已明显缩小了与发达国家的差距。

延伸阅读

转基因技术是一项应用型技术。对此，我国一直积极稳慎地推进科研成果产业化应用。2008年以来，有10个中央一号文件均对转基因工作提出要求，形成了系统部署，强调要加大研发力度，尽快培育一批抗病虫、抗逆、高产、优质、高效的转基因新品种，要科学评估，依法管理，做好科学普及，有序推进生物育种产业化应用。2023年中央一号文件明确提出，加快玉米大豆生物育种产业化步伐，有序扩大试点范围，规范种植管理。

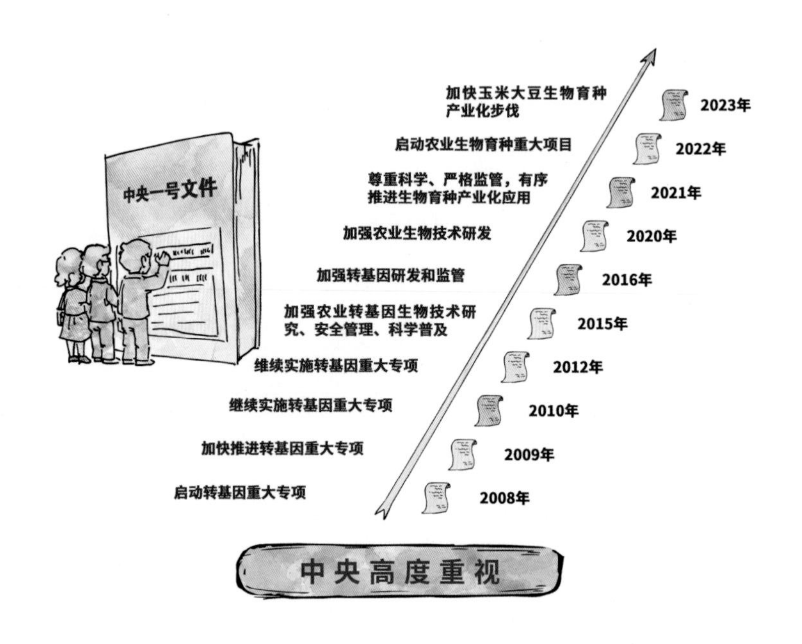

中央高度重视

我国转基因品种应用最广泛的是棉花，是仅次于美国的第二个拥有自主知识产权的转基因棉花研发强国。我国的国产转*Bt*基因抗虫棉曾经力挽狂澜，拯救了棉花种植业以及当时出口创汇的主力产业——棉纺织业。20世纪90年代，我国北方地区发生棉铃虫特大灾害，特别是在华北一带，棉铃虫产生了极高的耐药性，大部分杀虫药物都已失去防治效果，到后期，棉铃虫甚至被直接浸泡在农药中也杀不死。猖獗的棉铃虫肆意地啃食棉花茎叶，棉桃产量急剧下降，直接导致棉农损失惨重，老百姓们谈“虫”色变。棉花种植业告急，我国当时出口创汇的主要产业棉纺织业也一蹶不振。之后，国产转基因抗虫棉的研发成功以及市场推广，使棉铃虫得到有效控制，化解了这场棉纺织业危机。国家高技术研究发展计划（即“863计划”）中的抗虫棉等转基因植物研发项目的负责专家贾士荣教授说：“现在我国90%以上的棉花都是抗虫棉，而在华北一带抗虫棉的种植基本上是100%。其研发和推广，既挽救又振兴了我国的植棉业。”截至2019年底，转基因专项共育成转基因抗虫棉新品种176个，累计推广4.7亿亩，减少农药使用70%以上，国产转基因抗虫棉市场份额达到99%以上。

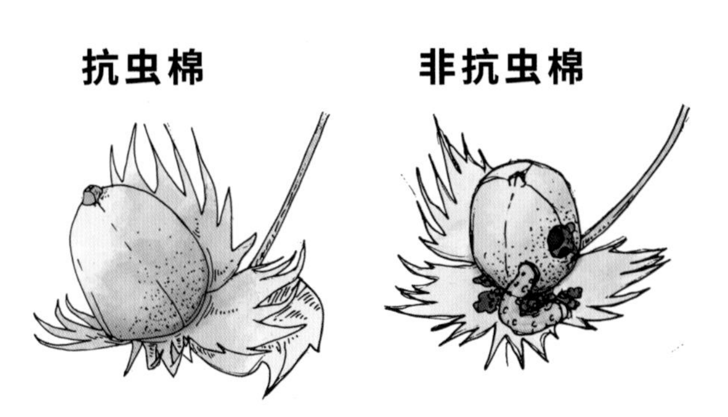

以转基因抗虫玉米及转基因耐除草剂大豆为重点，中央财政支持，育、繁、推一体化企业牵头，联合转基因研发、生物安全评价

的科研单位，共同构建起上中下游一条龙实施机制，促进科技与经济的紧密结合，提高转基因专项重大产品的研发应用效率，有利于加快培育壮大生物育种龙头企业，推动“由种子到种植”的全链条生物育种产业的发展。

（种业科技如何自立自强？自主研发新型基因编辑工具来帮忙）

2021年，在“有序推进生物育种产业化应用”背景下，农业农村部对转基因大豆、转基因玉米开展了产业化试点，并取得了显著成效。这标志着我国的转基因大豆、转基因玉米产业化试种迈出了历史性的一步。

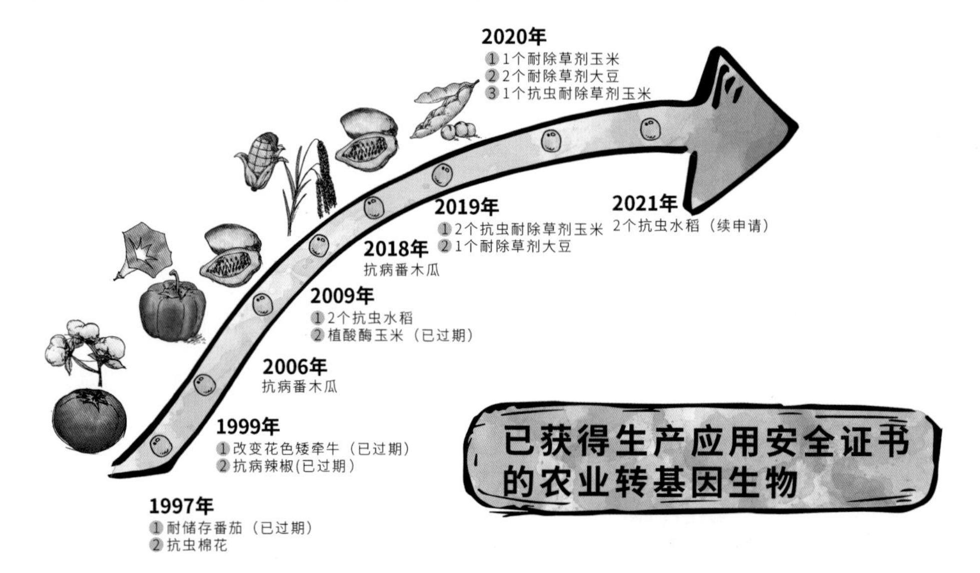

小提示

转基因与生物育种：转基因技术是生物育种技术的重要组成之一，也是目前应用最广泛的生物育种技术。

5 我国进口转基因农产品情况

目前，我国批准进口的转基因农产品包括大豆、玉米、棉花、油菜、甜菜、番木瓜6种作物，所涉及的转基因性状包括耐除草剂、抗虫、抗病及复合性状，如抗虫+耐除草剂等。

数据显示，我国批准进口的转基因农产品总体数量逐年增加。其中，进口大豆的数量呈现逐年快速增加趋势，玉米进口量在年际间呈现波动态势，棉花进口量逐年下降。进口的大豆、棉花90%以上是转基因产品。

趣味阅读

很多人都有疑问，在国内不少农产品库存充足的情况下，为何还要进口转基因农产品？主要包含以下两方面的原因，其一是此类产品在国内的产量不能满足市场需要，以大豆为例，虽然2022年国内产量首次超过2000万吨，但仍需要进口9000多万吨的“外国大豆”才能确保市场需要；其二是部分国内农产品的价格相对较高。进口转基因农产品可满足市场需求和平抑食品价格。

在国际上，我国是名副其实的农产品买方。那为什么非要买转基因产品？因为大宗农产品是生活刚需，买方也要受到卖方的制约。由于转基因作物在产量和成本上的优势，美国、巴西、阿根廷等农产品出口大国基本都采用了转基因品种，农产品国际贸易市场上也就以转基因产品为主，且价格优势十分明显。所以，购买转基因产品实际是一种市场选择的行为。

延伸阅读

目前，经过国家农业转基因生物安全委员会的评审，我们国家已先后批准了转基因棉花、转基因大豆、转基因玉米、转基因油菜、转基因甜菜、转基因番木瓜这6种农产品的进口。除番木瓜外，所有进口的转基因农产品用途仅限于作为加工原料。而且我们国家有法律规定，进口用作加工原料的农业转基因生物，不得改变用途，也不得在国内种植。

近10年来，进口最多的转基因农产品是大豆，其主要用途是提取食用油，剩余的豆粕主要作为养殖业的饲料加工原料。从生产者角度来看，转基因大豆具有出油率更高的特点，其出油率比国产大豆大约高4%；从消费者角度来看，转基因食用油的价格更为优惠。因此，进口转基因农产品实现了多方共赢。

（一图读懂：作为农业大国，我国为什么还需进口转基因大豆？）

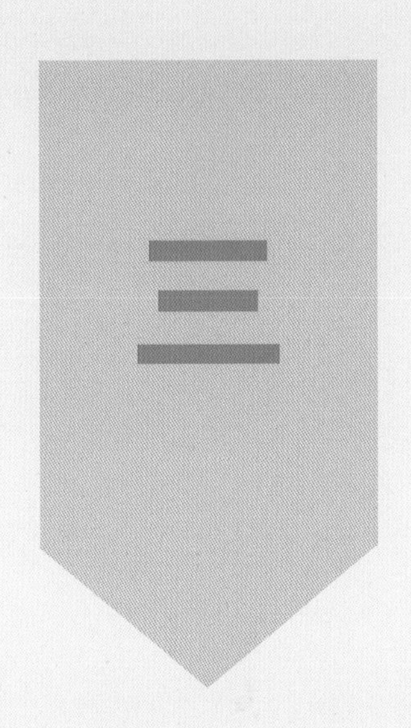

误区篇

由于现代生物学知识专业性很强，导致部分公众因为不了解而对“转基因食品”产生了误解。比如有些公众误以为吃转基因食品会改变自己的基因，甚至有些人轻信转基因食品会让人“断子绝孙”的谣言。实际上，只要了解什么是转基因技术，以及转基因生物的研发过程和生物安全监管过程，公众的绝大部分顾虑和误解都可以消除。然而倾听科学的声音，是一件需要耐心和理性的事情，也需要有一定的科学知识储备。相信随着转基因技术的科学普及，更多的人能够对转基因有更为客观全面的认识。

吃转基因食品会改变人的基因吗?

吃转基因食品不会改变人的基因!

绝大多数食物都来自动物、植物、真菌等生物。除病毒外的所有的生物体都由细胞组成，细胞内都含有基因。因此不论是转基因食品还是非转基因食品，都含有大量的基因。

在转基因食品出现之前，从没有人担心会因进食了食物中的基因以及基因碎片，而被“转基因”。实际上，人体的消化系统并不具备识别出转基因食品中额外的外源基因的能力，并据此对被转入的基因加以区别对待。所以，无论是转基因食品还是非转基因食品，人体的消化系统对其中的基因一律平等对待。食品进入人体后，会在消化系统的作用下，一步步地被分解成小分子。食物中的基因序列会被拆分开，而不会以完整基因的形式进入人体组织发挥遗传功能，更不会使人类自身的基因组成受到影响。简单来说，人类吃了上千年的猪肉和大米，体内也没有转入猪肉和大米的基因。

趣味阅读

基因是数十亿年生命进化中形成的宝贵资源，在不同的物种之间的分配并不均匀。

博采众长，为我所用。转基因技术将自然界天然存在的一些优秀基因，转入农作物或者家禽家畜中，使其产量、营养、品质等更符合人类的需要。以这些转基因生物为直接原料生产加工的食品，就是转基因食品。

动物不像植物和微生物，不具备将环境中的无机质合成有机物的能力。因此，动物需要摄食环境中的有机质。这些有机质，不论新鲜的，还是腐败的，甚至是已经化为腐殖质的，归根结底来源于包括动植物在内的各种生物躯体。人类的食物也是一样，食物里面有的还保存着完整的细胞，以及细胞内完整的基因，有的细胞已经被破坏，里面充斥着基因碎片。

人们吃的每一口食物都包含着大量的动物、植物、微生物的基因以及这些基因的碎片。在消化系统中，食物中的基因最终都将被分解为小分子被人体吸收利用，不再具备其本来的功能。

因此，转基因食品不会因为具有外源基因而给人体带来额外的健康风险。外源基因的作用仅仅是在转基因动植物生长发育过程中，赋予它们更符合人们需要的生产和食品营养等方面的特征。

转基因食品会致癌吗?

食用转基因食品不会致癌!

“转基因食品致癌”的谣言源于2012年法国某大学研究人员塞拉利尼发表的一篇文章，文章声称用转基因耐除草剂玉米喂养的大白鼠易患癌症。由于实验不严谨，缺乏科学性，这个实验已被欧洲食品安全局、德国联邦风险评估研究所、法国生物技术高等理事会等国际生物学界权威机构和众多科学家所否定。相关学术杂志也对这篇文章进行了撤稿。

针对转基因食品的安全性，很多国际上的专业机构已经给出了权威的科学结论，即通过生物安全评价，获得批准上市的转基因产品是安全的。转基因作物自大规模商业化应用以来，近30年间累计种植面积已达400亿亩以上，从生产和消费的实际情况来看，至今未发生一例被证实的转基因食品安全事件。

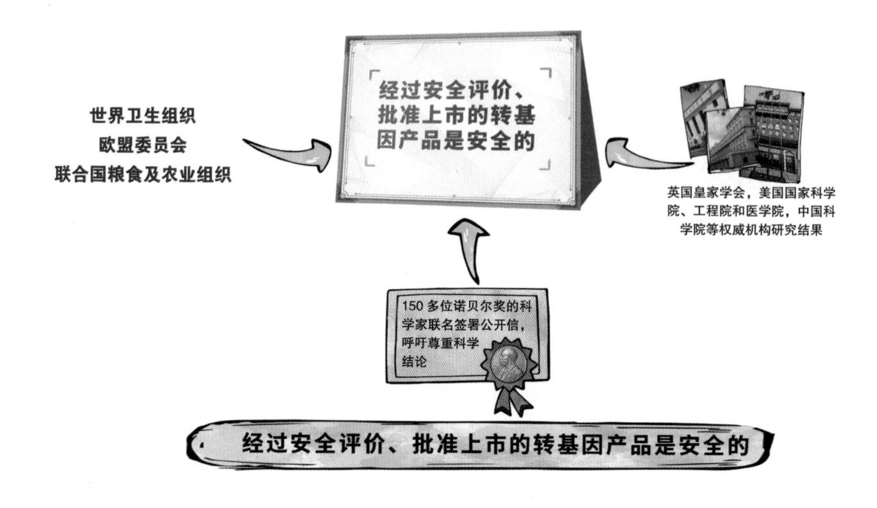

趣味阅读

癌症发病率和年龄高度相关。随着年龄增长，生物体修复基因复制中产生的错误的能力逐渐降低，变异的细胞有进一步发展成癌细胞的可能。因此，在高龄阶段，很多生物的患癌概率都会大幅增加。

塞拉利尼实验用的大鼠，寿命只有2～3年，1年多以后就容易长肿瘤，2年以后长肿瘤的大鼠多达80%以上。吃得过多，长肿瘤的时间会更早，概率更大。所以这种大鼠只能用于90天的毒理实验，不能做2年的喂养实验。因此，塞拉利尼用这种大鼠做2年喂养实验得出的致癌结论是不科学也是不严谨的。早在2008年就有日本的科学家做过类似实验。同样是用转基因耐除草剂玉米饲喂大鼠，同样是喂养2年，但其采用的大鼠品系平均寿命比塞拉利尼采用的大鼠品系平均寿命长。实验结果表明，转基因玉米与非转基因玉米对实验大鼠的生理影响没有显著差异，更不会致癌。

延伸阅读

2012年9月，《食品和化学毒物学》杂志发表的塞拉利尼的文章称：用NK603转基因耐除草剂玉米喂养导致大鼠患癌概率大幅度上升。虽然该刊已经撤稿了此文章，但仍然还有反对转基因的人把这篇文章当作证据，在普通民众中煽动非理性的恐慌，带来恶劣影响。

为澄清“塞拉利尼实验”的真相，欧洲开展了3个研究项目来证明转基因食品的安全性，分别是欧盟的“转基因作物两年安全测试”“转基因生物风险评估与证据交流”和法国的“90天以上的转基因喂养”项目。2018年，历经6年、总共耗费1500万欧元（折合人民币1.13亿元）的研究结果表明，2个转基因玉米品种未引发试验动物任何的负面健康效应，也没有发现转基因食品存在潜在风险，更没有发现跟致癌相关的毒理学效应。

在光明网2019年8月的一篇报道中，中国抗癌协会肿瘤病因专委会主任委员、北京大学临床肿瘤学院教授、病因学研究室主任邓大君谈到：“转基因食品一般来说是安全的，我们看到的一些谣传，包括有些大众认为吃了转基因，会不会到身体中影响自己的基因，然后影响后代？这些当然不会，这都是基于对技术的恐惧和对技术的不了解。”并表示，“对于真正的致癌物来说，世界卫生组织在法国里昂有一个国际癌症研究所，对全世界正在使用的东西和新出现的东西进行致癌性分析，发布相关报告。我建议应该向大众就这些有定论的致癌物进行科普”。

tech.gmw.cn

综合新闻 > 正文

辟谣|引入转基因食品将致“全民癌症”？

来源：光明网 2019-08-08 09:27

近期，一篇《美国著名专家警告：转基因食品可能使中国出现“全民癌症”的景象》的文章在网上流传，转基因是否致癌的话题再次引发关注。文中的美国专家认为，如果引入转基因，“癌症是绝对逃不掉的结果，还有过敏症。那是一个你无法想象的全民患癌症的情景。”

事实上，这位美国著名专家威廉·恩道尔，是经济学家、地缘政治学家，但与生物学、基因学毫无关系。不仅是这位“美国著名专家”，网络上还充斥着很多转基因的谣言，比如不孕不育、改变人体基因，导致癌症、猝死等荒唐说法，而最易令人丧失判断力的就是“转基因致癌”。

转基因食品是否会诱发癌症？如何看待转基因技术被妖魔化的现象？光明网记者采访了中国抗癌协会肿瘤病因专委会主任委员、北京大学临床肿瘤学院教授、病因学研究室主任邓大君来谈谈相关问题。

综合 用户 实时 关注 视频

美国著名专家警告：转基因食品可能使中国出现“全民癌症”的景象 作者：正义雷 美国著名专家警告：转基因食品可能使中国出现... 呐喊[超话]# #正能量[超话]# #中国赞[超话]#

美国著名专家警告：转基因食品可能使中国出现“全民癌症”的景象

转发 评论 赞

（来源：https://tech.gmw.cn/2019-08/08/content_33064252.htm）

世界卫生组织（WHO）下属的国际癌症研究机构（IARC）2020年11月27日公布的致癌物清单，将1023种致癌物根据致癌程度由重至轻依次划分为1类（对人类具有明确的致癌性）、2A类（很可能对人类产生致癌性）、2B类（可能对人类有致癌性）和3类（目前尚无法分辨是否有致癌性），但总体并不包含转基因食品。

3 转基因食品会导致不孕不育吗？会影响子孙后代吗？

转基因食品不会导致不孕不育，更不会影响到子孙后代！

转基因食品导致不孕不育的说法来源于对《广西在校大学生性

健康调查报告》的故意曲解。该报告中列出了生活环境污染、上网时间长等不健康的生活习惯等因素，可能是导致大学生精液异常的原因，但未提及转基因食品是大学生精液异常的原因。

目前研发的转基因食品，以及已批准上市的转基因食品，其导入的外源基因和生殖系统无关。现代科学从未发现外源遗传物质通过食物传递进入人体遗传物质的现象，转基因食品影响子孙后代毫无任何理论依据。有人会乐此不疲地制造这类谣言，无非是想通过危言耸听来博人眼球，增加关注度。

延伸阅读

精子质量下降的“罪魁祸首”有哪些?

与不吸烟的人相比，吸烟的人精液质量明显较低，精子的畸形率较高。在烟草产生的尼古丁和多环芳香烃类化合物的影响下，精子正常形态率会下降并且睾丸也可能会出现萎缩。

此外，久坐、缺乏锻炼等也会影响精子质量和数量。如果在打游戏、看剧时，长时间地保持一个体位坐着，会导致阴囊部位的温度升高，长期如此，睾丸也会产生病理性的损伤，且精索静脉血回流不好，容易出现精索静脉曲张。这些都会引起氧化应激效应，进而影响精子质量。

大学生熬夜是常态。华南师范大学曾经选择广州大学城的10所高校进行调查，结果显示有近70%的大学生熬夜。专家表示，人类的生物钟支配着人的内分泌系统，生物钟紊乱会导致夜间分泌的一些激素产生异常，使人体出现免疫力下降、精液质量下降等问题。

转基因抗虫作物虫子吃了会死，人类吃了安全吗?

转基因抗虫作物只能特异性地杀死虫子，对人类是安全的!

转基因抗虫作物中的Bt蛋白是一种高度专一的杀虫蛋白，只能作用于鳞翅目昆虫肠道上皮细胞的特异性受体，导致鳞翅目昆虫肠道穿孔，最终死亡。很多非鳞翅目的昆虫以及人类等哺乳动物的肠道细胞上没有Bt蛋白的特异性受体结合位点，Bt蛋白就跟普通蛋白一样被消化分解，无法发挥作用，所以Bt蛋白对这些昆虫和人类无害。

目前商业化种植的转基因抗虫作物只对部分昆虫有作用，对其他生物，包括人类都没有毒性。

趣味阅读

人可以吃巧克力，狗为什么不能吃？

巧克力含有甲基黄嘌呤的衍生物，如咖啡因和可可碱。由于人类可以轻松代谢甲基黄嘌呤衍生物，而狗无法有效进行代谢，导致人类与狗对甲基黄嘌呤衍生物的生理反应迥然不同。小剂量的甲基黄嘌呤类物质会让人类产生愉悦感，却会让狗呕吐、腹泻。如果狗食用过多的巧克力，这些成分会严重刺激狗的心肌和中枢神经系统，可能导致其心跳速率骤升至平时的2倍以上，有的狗会四处狂奔，严重的还会出现心力衰竭、肌肉痉挛，甚至休克。

狗能消化少量的巧克力，具体能消化多少要看它的体型和巧克力种类。比如对一些小狗而言，120克的奶油巧克力就可能是致命剂量而无糖烘焙巧克力含有奶油巧克力6倍以上的甲基黄嘌呤类物质，因此，20克的无糖烘焙巧克力就可能达到致命剂量。

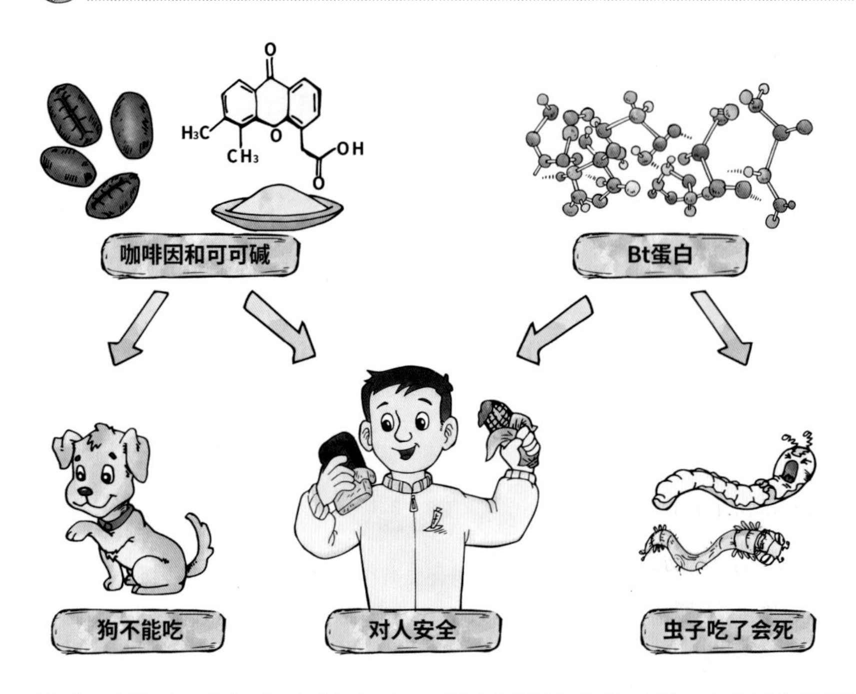

从狗不能吃巧克力这件事上，能够帮助我们理解为何转基因抗虫作物中的Bt蛋白可以杀死害虫，而对包括人类在内的其他动物则是无害的。因为不同物种细胞表面的受体会有差异，即使是同一剂量的同一物质，在不同物种中会引发不一样的甚至截然相反的生理反应。此之蜜糖，彼之砒霜，就是这个道理。

延伸阅读

苏云金芽孢杆菌（Bt，*Bacillus thuringiensis*）是一种广泛存在于土壤、水、昆虫尸体、树叶等物质中的常见微生物。苏云金芽孢杆菌中的*cry*基因及*cyt*基因能够编码一种杀虫晶体蛋白（ICPs），也就是常说的Bt蛋白。

杀虫晶体蛋白（ICPs）是自然界存在的天然杀虫剂。目前科学家们已经获得了700多种杀虫晶体蛋白（ICPs），这些杀虫晶体蛋白

（ICPs）分别对鳞翅目、鞘翅目、双翅目等10个目的500多种昆虫具有特异性毒性。虽然不同种类的杀虫晶体蛋白（ICPs）对特定种类的昆虫具有特异性毒性，但总的说来，这些杀虫晶体蛋白（ICPs）对蜜蜂（膜翅目）、蝉（半翅目）等昆虫无毒无害，对鱼、鸟、蛇等各类动物以及包括人类在内的哺乳动物也无毒无害。

包括Bt蛋白在内的杀虫晶体蛋白（ICPs）被害虫取食后，会在害虫的碱性肠道环境（pH=11～12）中完成一次关键性降解，产生原毒素，在害虫中肠内酶系统的作用下，释放出活性毒素；这些活性毒素就像探测小能手，能找到害虫中肠上特异性的受体位点并且与之结合，导致肠道细胞内的电解质平衡被破坏，造成肠道穿孔，害虫无法进食就饿死了。

人类的胃液具有强酸性（pH=0.9～1.5），杀虫晶体蛋白（ICPs）进入人类的消化系统后，在胃液的作用下，迅速失去活性，继而被蛋白酶分解成一个个氨基酸，跟食物中获取的氨基酸一起被吸收利用，为我们的健康作贡献去了。所以杀虫晶体蛋白（ICPs）对人体无毒无害。对其他脊椎动物以及无特异性受体的昆虫也同样无毒无害。

1938年，法国人将Bt蛋白溶于水，研发出首款商业化的Bt杀虫剂，用来防治鳞翅目害虫，收效显著。但是用Bt蛋白生产农药，成本较高，且Bt蛋白在自然环境中很不稳定，在强光照射下很快被分解，失去药效。同时，Bt杀虫剂只能消灭植物表面的害虫，对藏在植物内部的害虫就有心无力了。“如果植物自身能产生Bt蛋白就好了，不仅可以消灭藏在植物内的害虫，还能节省打药的人工成本”，现代分子生物学技术的发展让这种设想变成了现实。

1981年，Schnepf和Whiteley首次成功分离克隆出Bt蛋白基因，对苏云金芽孢杆菌这种神奇细菌的研究进入了分子水平。1988年，孟山都公司（2018年被拜耳收购）将Bt蛋白基因转入棉花中，获得了第一批转基因抗虫棉，实现了让植物自己产生Bt蛋白的构想。

紫薯、圣女果、彩椒是转基因食品吗？

紫薯、圣女果、彩椒都不是转基因食品！

国内市场上所有的紫薯、圣女果、彩椒都不是转基因品种，而是自然演变和人工选择产生的品种！人类长期对野生作物进行栽培、驯化，形成了种类丰富的农作物。

目前我国的转基因产品分为以下两类：一类是由我国生产的转基因抗虫棉和转基因抗病毒番木瓜，目前国内上市销售的番木瓜绝大多数都是转基因产品；另一类是从国外进口用作加工原料的转基因大豆、玉米、油菜、甜菜和棉花。

（紫薯、圣女果、彩椒不是转基因食品）

趣味故事

番茄原先只是一种生长在秘鲁森林里的野生浆果，因为长得像同属茄科的有毒植物颠茄，人们便认为它也有毒，被称为“狼桃”，只用来观赏。直到18世纪中叶，才开始用作食用栽培。明朝时期，番茄传入中国，因为酷似柿子，当时称为“番柿”，又因鲜艳的红色及来自西方，所以又有“西红柿”“洋柿子”等别称。

如今，我们食用的大果栽培番茄果肉丰厚、味道鲜美。但原始野生番茄的果实非常小，只有1～2克重，而现代栽培番茄经过长期的人工驯化后果实变大，果重已经是之前的100多倍。

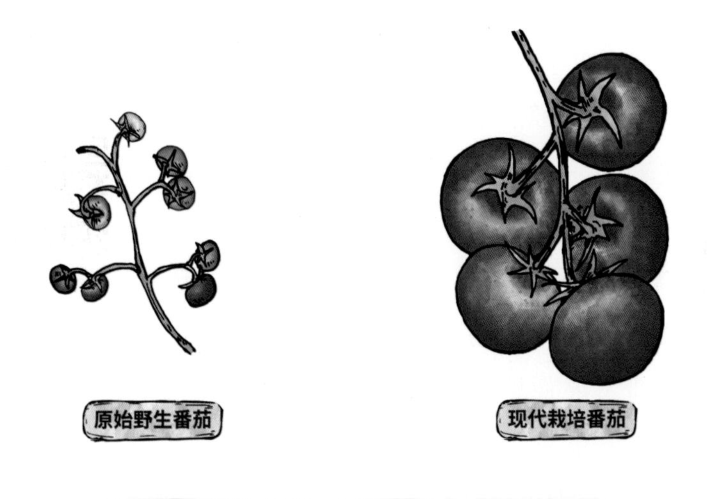

原始野生番茄和现代栽培番茄对比图

现在栽培的大番茄经历了两次大进化过程：第一次是野生醋栗番茄驯化成栽培的樱桃番茄，第二次是樱桃番茄逐渐培育成大果栽培番茄。野生醋栗番茄果实个头小、种子多、果皮厚、果肉少，属于“袖珍型”番茄，同现代栽培番茄相比，其大小只是如今大果栽培番茄的百分之一。后来经过驯化和选择，野生醋栗番茄个头变大，就是如今我们经常食用的樱桃番茄。

为了满足人们想要番茄果实变得更大、果肉更多的愿望，又经过长期的选育，樱桃番茄最终变成了大果栽培番茄，也就是我们现在做饭时常用的大西红柿。

延伸阅读

通过群体遗传学分析，在从醋栗番茄到樱桃番茄，再到大果栽培番茄的两次进化过程中，分别有5个和13个果实重量基因在人类的定向选择下成为番茄个头长大的“加速器”。

首先，在番茄第一次的个头“成长”中，也就是从野生醋栗番茄到樱桃番茄的进化过程中，有5个基因*fw1.1*、*fw5.2*、*fw7.2*、*fw12.1*、*lcn12.1*，起到了增大番茄果实的作用。*fw12.1*是位于番茄第12号染色体上的一个驯化基因。但是驯化阶段结束后，该基因在樱桃番茄中没有被固定，直至在大果栽培番茄中才被固定下来，成为其果型增大的“加速器”，继续在大果性状的选育中发挥作用。

接下来，在第二次的个头“成长”中，13个数量性状基因可能是樱桃番茄到大果栽培番茄果实继续变大的重要基因。这13个与改良过程相关的果重基因分别是*fw2.1*、*fw2.2*、*fw2.3*、*fw3.2*、*fw9.1*、*fw9.3*、*fw11.1*、*fw11.2*、*fw11.3*、*lcn2.1*、*lcn2.2*、*lcn3.1*、*lcn10.1*。番茄果重基因*fw2.2*是第一个被克隆且成功转基因的数量性状基因。它的功能是调节细胞分裂，从根本上影响着番茄果实重量和大小的进化。*fw2.2*基因是一个负调控因子，即“反向加速器”。该基因在野生番茄材料中的表达水平越高，所结出的果实越小。因此，在驯化番茄的过程中，通过降低该基因表达水平，也能获得果实增大的大果番茄。

番茄中的*fas*和*lc*基因与番茄果实的心室数目有关，其表达水平的变化也会影响番茄果实的大小。因此，番茄等茄果类作物在驯化过程中果实变大和果重增加的主要原因，不仅包括控制细胞分裂的基因发生改变，也包括控制心室数目基因的改变，集聚这些基因的“洪荒之力”，共同实现果实大小的改变。

转基因玉米会导致母猪流产和老鼠减少吗?

转基因玉米不会导致母猪流产和老鼠减产!

2010年9月21日《国际先驱导报》的一篇报道称，山西、吉林等地区因为种植“先玉335”玉米，导致出现母猪流产、老鼠减少等异

常现象。这是一则彻头彻尾的谣言。

2010年9月21日，杜邦公司就发布声明，“先玉335”玉米不是转基因玉米。山西省农业厅（现称“山西省农业农村厅”）也表示，报道所称动物异常现象与实际调查情况不符。科技部、农业部（现称“农业农村部”）组织了多部门、不同专业领域的专家组成调查组到实地考察。据调查，“先玉335”玉米不是转基因玉米，在山西、吉林等地也没有种植转基因玉米，老鼠减少现象与转基因无关，而是与政府防治、天敌数量增加、粮仓水泥地增多等有关。此外，经与当地农民核实，母猪流产的报道与实际情况不符，属虚假报道，更与转基因无关。《新京报》把《国际先驱导报》的这篇报道评为“2010年十大科学谣言”之一。

“先玉335”玉米是2000年以PH6WC为母本，PH4CV为父本选育而成的玉米品种。其中，PH6WC由PH01N × PH09B杂交组合选育而来，来源于Reid种群；PH4CV由PH7V0 × PHBE2杂交组合选育而来，来源于Lancaster种群，均为非转基因玉米品种。“先玉335”玉米于2004年［国审玉2004017号（夏播）］和2006年［国审玉2006026（春播）］通过国家品种审定。

延伸阅读

该谣言中称“环保部某机构”检测的“先玉335”玉米中存在CaMV 35S启动子，并据此断定“先玉335”玉米含转基因。这是不科学的。

首先，该机构“检测出CaMV 35S启动子”的说法仅见于博客，并无正式报告。其次，如果玉米被花叶病毒感染，也会检测到CaMV 35S启动子。因此，即使检测到CaMV 35S启动子，如果无法排除花

叶病毒感染并且检测到转入的外源基因［参见《转基因产品检测实时荧光定性聚合酶链成反应（PCR）检测方法》（GB/T 19495.4—2018）］，就不能确定该玉米是转基因品种。实际上，仅以CaMV 35S启动子判断是否为转基因，不仅不符合国家标准要求，还存在很大的误判可能。

转基因违背了自然规律吗？

转基因技术不是对自然规律的违背！

有些人认为转基因违背自然规律，可能是基于两种错误的理解。一种是基因是不能跨物种移动的，另一种是跨越物种的基因转移是不能自然发生的，是对生物的人为强迫。

其实，自然界中天然存在着基因的跨物种水平传递，甘薯就是天然的转基因产物。根据2015年发表在《美国国家科学院院刊》上的一项研究，农杆菌的基因存在于世界各地的291个甘薯品种中，并和甘薯获得巨大的块状根有关。也就是说，正是因为农杆菌基因的加入，才让甘薯的根部发生了巨大的改变，成为了现在人们所熟知的样子。

因此，转基因技术是效仿这种自然界早已有之的基因转移方式，并非违背自然规律。在漫长的生物进化过程中，将其他物种的基因为我所用，也是生物的“进化智慧”之一。

甘薯是天然的转基因食物

趣味阅读

真正的纯天然食品，是自然界中的野生种。现在，市场上销售的水果、蔬菜和谷物大部分都已不是“纯天然”的，很多农作物和水果已经和自然界中的野生种在生长习性与周期、果实个头与口味上发生了巨大的变化。

在上万年的农业发展历史中，人类寻找合适的野生植物进行人工驯化，并选择产量、品质优良的植物，运用杂交等多种方式进行品种选育，不断实现着野生植物的“升级”，使其性状更加符合人类的需要。也就是说，当前栽培的大部分农作物，都已经是人为选择而非自然选择的结果。所以，如果非要说用转基因技术培育新品种是对自然规律的一种“违背”的话，那这种“违背”从人类最初选育这种作物时就已经开始了。

植物的杂交是自然界天然存在的，但要靠这种随机的杂交来获

得符合人类需求性状的作物，可能性是很低的。所以当人类发现杂交可以改变作物性状之后，用有目的性的杂交加速了作物选育过程，这是一种对自然界的学习。其实，目前广泛应用的经典转基因方法——农杆菌转化法，也是我们从自然界学到的方法。在自然条件下，农杆菌可以将其基因转移到植物中进行表达。现在的甘薯栽培种里均能检测到农杆菌的基因，正是因为这种自然界中存在的转基因现象。因此转基因技术同杂交等常规育种技术一样，都是为了使农作物更加满足人类需求而采用的一种加速作物选育的方式。

（从“野生”到“圈养”的农作物）

（顺应自然规律的“天然转基因”）

延伸阅读

基因携带着生物体的遗传信息，如果不同生物间的基因能很容易地进行“转移”，那生物界将会是一片混乱。因此，虽然自然界中的不同物种之间存在着基因的水平传递，但由于物种对自身的基因组有着保护和防御机制，外来基因想进入一个物种的基因组并留存下来，并不是一件简单的事情。

例如在自然界中，农杆菌可以通过感染将自己的基因“快递”给多达数百种植物，但目前发现只有甘薯签收了这份“基因快递”。因为植物对“基因快递”的签收条件非常严格，农杆菌大部分情况下都被“拒收”了。农杆菌的基因能够成功转入甘薯中，是经过数百万年的“运气”。所以，不管是在自然界里还是在实验室里，“基因转移”并不容易成功。

因此，转基因技术在实施过程中，需要对目的基因以及接受目的基因的受体生物进行一系列预先处理。例如对目的基因进行遗传密码子优化以适应植物基因组表达调控特性。外源基因必须符合标准，才会被接纳。这就像在两个不同操作系统的计算机中传输一个文件一样，必须先修改文件的语言和格式，否则，该文件将无法被识别，也就无法使用了。在育种实践中，转基因技术需要不断进行复杂的调整和试验，失败的可能性远远大于成功的可能性。

此外，转基因技术只是通过添加或改变一个或几个基因为受体生物增加有限数量的“特长”，而不是全面改变生物的基因组和性状，受体生物的生殖模式不会发生改变，也不会变成其他的生物。因此转基因技术并没有改变自然界中天然存在的不同物种之间的生殖隔离，不会打破物种之间的种属界限，也不会引发生物界的混乱。

转基因种子不能发芽、留种吗?

种子能否发芽、留种与是不是转基因无关！

能否留种只与种子的类型有关，如果是常规种，就可以留种。如果是杂交种，虽然可以留种，但是留下的种子种下去，下一代作物会出现性状分离，表现出父本或者母本甚至是上溯若干代“长辈”的某些不良性状，因此造成产量或者品质的损失，影响收成。所以杂交种在实际生产中一般不会留种。

同理，如果被转基因的是常规品种，则可以留种；如果被转基因的是杂交品种，则不适合留种。比如转基因耐除草剂大豆和非转基因的大豆一样都可以留种，而转基因耐除草剂玉米和传统的杂交水稻就都不适合留种。

种子能否发芽只与种子自身的活力有关。不管是转基因杂交品种，还是转基因常规品种，只要是有生命活力的种子，在环境适宜的条件下种下去都能正常发芽。但是在进口大豆等农产品的时候，有的会做灭活处理，使其发芽率降低，这和温度、湿度、化学试剂处理等因素有关，跟转基因没有关系。

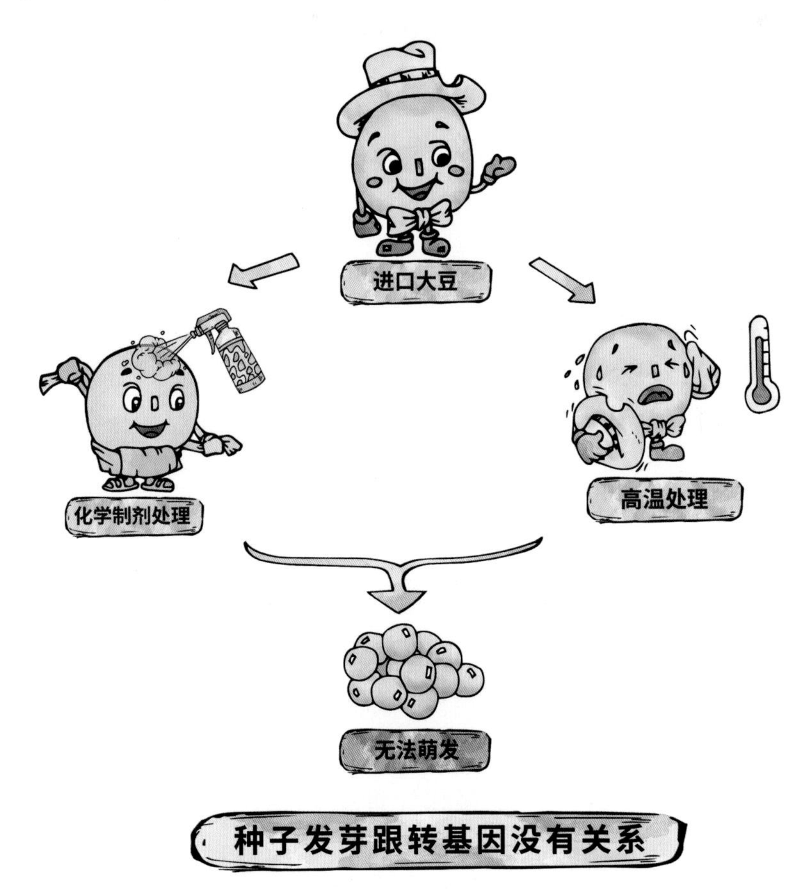

趣味阅读

杂交育种能够产生杂种优势，例如用马和驴交配产生的骡子兼具马的力量和驴的耐力。同理，杂交玉米一般也拥有更高的产量和一定的抗病虫能力，但杂交玉米的种子第二年再种，由于杂种优势丧失和性状分离，产量将远低于第一年，影响种植户的收入。

性状分离现象非常常见，甚至可以亲自尝试一下。我们日常吃的水果大多是杂交的。比如把又大又甜的桃子的核种下去，它能长出一棵桃树，但多半结不出又大又甜的桃子。对于苹果、葡萄和橙子来说，情况大多也是如此。所以果树通常是无性繁殖的，能扦插就扦插，不能扦插的一般需要嫁接。这些水果是转基因的吗？显然不是。在转基因技术出现之前，果树杂交已经有数千年的历史了。

育种产业的核心是选育出性状优良的种子。获得具有产量高、抗病虫害能力强、抗旱和耐涝等优良性状的高质量作物种子，是农民的期望，也是育种专家们一直在努力的方向。目前的转基因技术可以创制出很好的育种材料，比如抗虫或耐除草剂的玉米。但是这些玉米不能直接用于农业生产，还需要运用杂交育种技术进一步选育，使之成为可用于农业生产的品种。

延伸阅读

在我国北方，农民主要种植小麦和玉米。

小麦基本上都是常规种，农民可以自行留种种植，无需每年购买种子。但由于自留种在保存和处理上很难达到制种工厂那样的严格标准，有时可能会因储存或者处理不当导致种子发芽率低，影响产量。所以为了保持稳定高产，农民仍然会根据需要购买种子。

玉米一般是杂交种，每年都需要购买种子。如果用留种的种子，再长出来的玉米会参差不齐，产量降低。由于杂交玉米产量很高，即使扣除买种子的成本，仍然比自己留种划算。

当前很多优良作物品种是通过杂交的方式选育出来的，这些品种的种子是不能用于留种的。此时说的“不能留种”更多的是一种保证产量的建议，并不是杂交品种不结种子，也不是结出的种子不发芽。一般条件下，杂交品种的种子依然可以萌发、生长、开花、结果，但是，用这些种子种出来的作物会发生性状分离，无法保持杂交品种的优良表型，达不到农业生产需要的水平，所以一般不会留种。

我国已经种了几十年的杂交玉米和杂交水稻了。除了玉米和水稻，很多蔬菜、水果的杂交品种也很受市场欢迎，这些种子农民也是年年都要购买，比如卷心菜等。实际上，作物能否留种不是农民评价作物种子好坏的关键要素，收入总账才是。

转基因农作物对增产没有任何作用吗？

转基因农作物是有增产效果的！

尽管提高产量并不是种植转基因抗虫作物和转基因耐除草剂作物的直接目标，但由于害虫的减少以及田间杂草的清除，减少了产量损失，客观上起到了增产的作用。此外，新型的转基因作物也在

聚焦于农作物的产量和品质提升等特性。

多种因素都能影响作物的产量。转基因抗虫作物和转基因耐除草剂作物可以减少害虫和杂草的为害，并加速低耕和免耕栽培技术的推广，这实际上可以提高产量。巴西、阿根廷种植转基因大豆后产量大幅度提高；引进种植转基因抗虫棉花后，印度从棉花进口国变成了棉花出口国；在种植转基因抗虫玉米后，南非的玉米产量翻了一番，从进口国变成了出口国。

趣味阅读

2014年2月，美国农业部发布了《转基因作物在美国》报告。该报告总结了自1996年起种植转基因作物以来的美国农业发展情况。报告的第二部分——“美国农民对转基因技术的使用”，清晰明确地说明了转基因农作物的产量情况。

报告中列举了5类转基因作物——耐除草剂棉花、耐除草剂大豆、耐除草剂玉米、转*Bt*基因抗虫玉米、转*Bt*基因抗虫棉花——在多次不同的田间试验或大田实测中获得的产量、农药用量以及净回报等数据。在个案分析中，该报告指出，转*Bt*基因抗虫作物达到增产效果是因为减轻了虫害造成的损失。例如在2010年的时候，转*Bt*基因抗虫玉米因为对玉米螟有抗性，其平均产量达到1.01吨/公顷；相比之下，非转基因玉米的平均产量为0.84吨/公顷，两者之间产量差异显著。同时，报告指出耐除草剂作物的产量大多也有所提高。总的来说，耐除草剂玉米种植范围每增加10%，产量就会增加0.3%；耐除草剂大豆种植范围每增加10%，产量可增加1.7%。此外，报告还指出，同时存在多个转基因性状的转基因作物，其产量也高于非转基因作物。

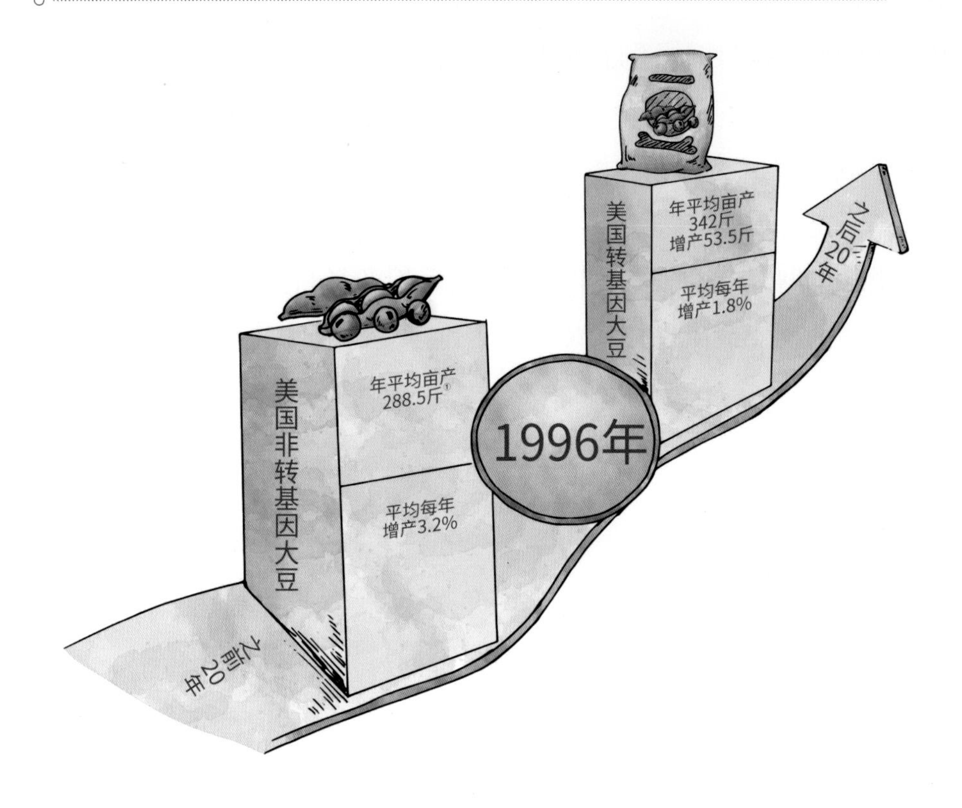

延伸阅读

我国目前尚未批准转基因粮食作物的商业化种植，只有转基因抗虫棉花获得批准得以广泛种植。截至2019年，我国自主选育的转基因棉花品种所占市场份额已经达到99%以上。

在过去的一段时间中，美国玉米和大豆单位面积产量的年增长率降低，玉米从3.94%下降到1.58%，大豆从2.18%下降到0.82%。与此同时，我国棉花的产量也表现出同样的现象。有人据此得出“转基因作物增产是谎言”的结论。

增长率下降只意味着增速放缓，并不等同于产出下降。事实

① 1斤=500克。全书同。

上，无论转基因作物还是非转基因作物，作物的单位面积产量都不可能无限增加，其“单产—时间”曲线是一条斜率逐渐减小的曲线。也就是说，当使用技术手段提升作物的产量潜力后，作物单位面积产量的增加必然会经历一个从大幅增长到逐渐放缓的过程，最后在最佳的种植条件下，作物的单位面积产量将达到最高。此后除非作物品种改变或出现技术革命，否则产量增长率将接近于零。

转基因农作物对周边环境有影响吗？会导致“超级害虫”“超级杂草”的产生吗？

转基因农作物不会导致“超级害虫”“超级杂草”的产生！

总体来说，种植转基因农作物对周边环境的影响是正面的。采取适当的环境保护措施后，不会导致“超级害虫”以及“超级杂草”的出现。实际上，转基因生物的安全评价非常严格，不仅涵盖公众关心的若干项目，还包括很多公众没有想到的评价内容。环境安全评价其实是转基因生物安全评价的重要组成部分。在转基因作物商业化推广应用之前，要进行长期而严格的环境影响评估，包括生存竞争力测试、遗传物质转移到野生亲缘种的可能性评估以及遗传物质转移到其他物种的可能性评估等。

转基因抗虫作物的效果类似于杀虫剂。有些人担心，如同长期使用同一种杀虫剂一样，害虫会因长期种植转基因抗虫作物而逐

渐适应并产生抗性。针对这些顾虑，科学家们早已预想到并给出了对应的解决方案，通过在转基因抗虫作物周围种植一定数量的非转基因作物，从而防止或延缓害虫抗性的产生。美国和加拿大的转基因作物种植经验表明，按适当比例在相邻的田地里间隔地种植转基因抗虫作物和同种非转基因作物，将非转基因作物作为害虫的“庇护所”，给害虫以生存的缓冲空间，可以有效减少抗性害虫种群的出现。

转基因耐除草剂作物不会变成无法控制的“超级杂草”，当前研发的转基因耐除草剂作物一般只对1种或2种专门的除草剂具备耐受能力，对其他除草剂则没有抵抗力。事实上，农业中并没有“超级杂草”这个术语，这个词来源于1995年在加拿大油菜田里发现的一个可以抵抗1～3种除草剂的油菜，当时人们将其称为“超级杂草”。但是，当喷施第4种除草剂2，4-D（2，4-二氯苯氧乙酸）

后，这个油菜就被杀死了。截至目前，没有证据表明存在“超级杂草”。

趣味阅读

转基因作物是面向未来的“生物农业”。实践证明，大面积种植转基因作物可以减少农药的喷施，减少土壤和水体中的农药污染，在改善农业生态环境方面具有很大的优势，其对农业生态环境可能产生的负面影响远低于当前的“化学农业”。

据统计，1996—2008年，通过种植转基因作物，全世界累计减少使用杀虫剂35.6万吨（相当于总用量的8%），其中仅在2008年就减少使用3.4万吨。另外，由于种植了转基因作物，1996—2008年，CO_2排放量减少了140亿千克，相当于每年减少700万辆汽车上路。

实践表明，转基因作物对生态环境具有积极的正面效应。在实际农业生产中，通过加强管理和科学布局，控制风险，增加效益，转基因作物能够更好地服务于我国农业的可持续发展。

延伸阅读

在减少目标害虫的同时，转基因抗虫棉花会导致其他次要害虫数量的增加吗？

研究表明，大规模种植转基因抗虫棉可以大大减少杀虫剂的使用，并有效地控制棉铃虫。因为杀虫剂用量的减少和棉铃虫生态位的空出，次要害虫的数量有所增加，在一些地区次要害虫已进阶为主要的棉花害虫。

但是，次要害虫的问题，要比棉铃虫问题好解决。在这些害虫的发生季节，只需喷洒1~2次农药就可以完全将其控制住。而如果不种植转基因抗虫棉，在棉铃虫的发生季节，即使喷洒8~10次农药，也很难遏制棉铃虫的蔓延。此外，科学家已经成功培育出对棉铃虫和其他的次要害虫都有抗性的多价转基因抗虫棉。

在转基因抗虫作物解决了农作物的主要害虫和次要害虫后，农业生态系统中的昆虫物种组成和个体数量会受到影响吗？昆虫生态会受到影响吗？

以转基因抗虫水稻为例，科学家们研究了种植转基因抗虫水稻对昆虫群落结构的影响。与非转基因水稻种植区相比，转基因抗虫水稻种植区内的水稻害虫种群密度明显下降，而中性昆虫和天敌昆虫的数量显著增加，对水稻生态系统产生了积极影响。若长期坚持种植转基因水稻，由于减少了杀虫剂用量，还会使良性生态效应进一步扩大，进一步增加害虫天敌数量，实现对虫害的生物防治，再配合其他虫害综合治理技术，真正实现生态农业。

今天的农业生态系统是已经被人类的农业生产活动改造过的，而非原始的“纯天然”生态环境。农业诞生之后，为了获取更多的农田，人类砍伐森林，清理草场，将一片片原本生长着多种植物的土地，变成了种植一种或几种农作物的农田。这虽然扩大了耕地面积，增加了粮食产量，但是也方便了农作物害虫们富集在农田中。这些害虫随着农业发展一点点地在蚕食农业生态系统里其他昆虫的生存空间，这个过程已经持续上万年。转基因抗虫作物的出现，能够有效遏制占据生存优势的农作物害虫，给更多的昆虫腾出生态位，推动农业向更生态、更“天然”的方向迈进。

转基因作物是否会产生基因漂移，从而影响生物多样性?

基因漂移指的是一个群体的遗传基因转移到另外一个群体的现象。有的人担心，转基因作物对同种的非转基因作物或者近缘种野生植物授粉，导致转入的外源基因在自然界传播开来，从而产生耐除草剂的、抗病虫害的，甚至拥有某种生存优势的非转基因农作物或者田间杂草。尤其是田间杂草，一旦因基因漂移意外地获得某种生存优势后，可能会一跃成为所在生境中的优势物种，继而挤压其他物种的生态位，从而影响到自然界的生物多样性。

来看一项基因漂移研究的数据。中国科学家对转基因水稻的基因漂移现象进行了详细研究，结果表明，转基因水稻向非转基因水稻的基因转移频率很低。随着转基因水稻与非转基因水稻距离从0.2米增加到6.2米，基因转移频率从0.28%下降到0.01%以下，远低于欧盟标准（0.9%）。因此，只要采取适当的安全距离和隔离措施，严格执行安全管理，基因漂移问题就完全可以解决。事实上，传统育种中同样存在基因漂移现象，基因漂移并不是转基因作物的“专利”。

大规模地推广转基因农作物会影响到农业物种以及植物物种的生物多样性，出现品种单一化的问题吗？

农业种质资源的衰退，是农业育种商业化以来一直面临的严峻问题，并非转基因技术引发的新问题。数千年来，人们一直在从自然界的种质资源中选取最能适应本地环境和最能抵抗灾害的品种加以繁衍，形成了数量繁多的地方种。但是，随着育种技术的发展，一个优良品种可以适应更大区域的气候条件，而农民都愿意选择高产抗病等种植回报性高的品种。因此，越是受欢迎的优良品种，种植面积越大，很多优势品种逐渐实现了“一统天下”。在国外，这个问题同样存在。所以品种单一化不是转基因品种出现后才有的问题。

为解决商业化育种过程中产生的品种单一化问题，保护生物多样性，一方面，我国一直在大力收集和保护地方种，并建立了种质资源库，保护农作物品种资源。我国以农业为主的种质资源库建设起步较早、成果丰硕，目前我国农作物种质资源长期保存数量超过52万份，保存总量居世界第二位。2021年9月，国家农作物种质资源库新库在中国农业科学院建成。作为全球单体量最大、保存能力最强的国家级种质库，这里可以收藏各类珍贵的农作物种子等品种资源150万份，贮藏寿命最长可达50年，堪称种子的“诺亚方舟”。另一方面，加强地方种的品种开发，通过地方特色优质农作物品种的开发和产业化应用，在让消费者找回小时候的味道的同时实现地方种的保护，进而保护农作物的生物多样性。此外，农业科学家们也一直在加强新品种研发，近年来，每年都有许多的农作物新品种通过国家审定，为我国的农作物种子市场提供更多的选择。

转基因是外国针对中国人制造的“基因武器”吗?

不是!

转基因技术是中性的，本身不具备“好”与“坏”的属性，更不是所谓的“基因武器”。转基因生物的研发具有严格的监管体系和流程，确保转基因技术的应用均是以造福人类为目的。事实上，转基因食品在外国的消费量大于在我国的消费量。此外，世界上所有的人，在生物学上都属于同一个物种，基因差异很小，而且在全球化背景下，每个国家均生活着大量外国人，把转基因食品作为“武器”来攻击某一个特定国家的人显然是异想天开。

延伸阅读

“基因武器”一说的源头，还是来自有些人认为的“外国人不吃转基因食品”这样的错误认识。实际上，外国人不仅吃转基因食品，而且无论是种类还是数量，都比我们吃的要多。

在美国，商店里的食用油、糕点、薯片、大豆蛋白粉、卵磷脂、玉米糖浆、人造黄油、玉米淀粉等基本都是转基因产品，很多饮料、谷类食物中也含有转基因成分。欧盟每年进口大量转基因

农产品，包括大豆、玉米、油菜、甜菜和其加工品等。根据国际贸易数据统计，欧盟2020年转基因大豆进口量占其大豆总消费量的81%。除此之外，俄罗斯、日本、韩国等国家也都在进口和消费转基因农产品。

四

安全篇

转基因食品的安全性有保证吗?

转基因食品通常指由转基因生物（转基因作物、转基因动物以及转基因微生物）生产或以之为原料加工而成的食品。关于转基因食品的安全性，科学界已经给出权威结论，即通过安全评价、获得批准上市的转基因食品都是安全的。迄今为止，大量的科学研究均未发现转基因食品对人类健康、环境、物种进化等方面有消极影响的证据。

通过安全评价、获得批准上市的转基因食品都是安全的。

世界上所有国家对转基因生物的研发和推广应用，都有一套严格的标准和流程。拿转基因作物来说，从在实验室中对要转入的目的基因的研究开始，到实现转基因作物的种植，再到最后到达消费者的餐桌上，起码要经过8～10年。之所以需要经过这么长的时间，正是因为要经过全面深入的科学研究和非常严格的安全评价与审批流程。所以，转基因食品的安全性是有保证的，可以放心吃。

为什么说转基因食品至少跟同类传统食品一样安全？

国际权威科学机构对转基因食品的评价结论是“至少跟同类传统食品一样安全”，或者说“其食用风险并不比传统食品更大”。

我们一般会根据经验认为传统食品是安全的，但这并不可靠。例如花生和牛奶，人们通常认为是安全的，但对有的人来说就是过敏原。所以一些食品中潜在的风险因素需要依靠现代科技手段来发现。而转基因食品上市前经过了层层把关，涵盖毒性、致敏性、营养成分等多个方面，可能存在的风险因素都被逐一排除。因此，转基因食品跟传统食品一样安全，从一定程度上来说，转基因食品甚至比传统食品还要安全。

在转基因作物上市前，已经进行了全面的评价和严格的检测，确保与其同种非转基因作物相比，转基因作物除了增加预期功能外，不会增加额外风险。而且，转基因抗虫作物能够有效减少农药使用，降低农药残留风险。同时，转基因抗虫作物可以减少因虫咬导致作物发霉产生真菌毒素的问题。以玉米为例，传统育种的玉米容易被玉米螟虫等害虫啃食，而被咬过的玉米在潮湿的环境下很容

易发生霉变，霉变后的玉米很可能会含有强致癌物黄曲霉素以及致畸的伏马毒素。黄曲霉素是世界三大致癌物之一，其毒性是氰化钾的5倍，容易引发癌症等严重危害健康的问题。而转基因抗虫玉米从根本上减少了害虫数量，也就降低了因害虫啃食导致的霉变带来的风险。此外，由于对转基因食品的监管十分严格，能够很大程度地减少食品生产中的一些不规范行为，这也保证了其安全性。

延伸阅读

从微观层面看，转基因技术是通过基因层面的操作来创制育种材料，可以实现精准控制，只修改一个或少数几个已知功能的基因，因此更容易对产物进行检测，在安全性上也更有把握。而杂交、辐射或药物诱变等传统的育种技术无法明确控制性状改变的基因种类和基因数量，因此难以预测子代的性状，只能根据实际表现情况来进行筛选。并且，由于无法确定基因的种类和数量，也无法得知子代会产生哪些新的性状，就无法采用特异性的方法对其进行检测。对于子代可能出现的有害性状，也无法实现有效预防。

转基因食品需要做人体试验吗?

谈及转基因食品的安全性问题时，有些人会抛出一个貌似尖锐的问题：转基因食品没做人体临床试验，凭什么说是安全的?

一种新药物上市前要经过严格的人体试验，但食品和药物不一样。一直以来，各个国家的各种各样的食品在上市前都不会经过人体试验。这是因为药物的人体试验是能够科学地进行试验设计的，其得到的结果也是可靠的，而且有一个明确的试验目标。而对食品来说，无论是转基因食品或者其他任何一种食品，都不可能科学地设计出人体试验，即使进行试验，结果也是不可信的。

先来看看新药临床试验的设计原则。

首先，待测试药物具有预设的对某种疾病的治疗作用，因此药物的临床测试，可以设定对应的测试目标，如疗效、不良反应等。而且不论是疗效还是不良反应，一般不会受到日常饮食的影响。

其次，临床试验的受试者不能同时服用其他药物，以免药物之间发生功能干扰。也就是说，将试验变量“锁定”为测试的新药物。基于此，依据随机对照双盲原则进行临床试验，用统计学方法分析一个月或者数月之内试验组和对照组参与者之间的差异，从而对药物效果进行评估。

而包括转基因食品在内的任何一种食品，则无法按照上述原则科学地设计人体试验。一是因为食品只是为人体的新陈代谢提供原料，一般来说并不具备药物那样显著的生理功能，在人体内也就不存在准确对应的生理指标，这是食品和药物本质上的区别。由于食品不存在准确对应的生理指标，在设计试验时，就没有办法为食品设定明确的测试目标。二是要保证营养均衡，受试者就还要进食其他食品，因此无法排除其他食品对试验结果的干扰。三是受试者如果在试验的数月时间内，只吃某一种试验食品，大概率会导致营养不均衡，并引发其他健康问题。这样就无法判断到底是营养失衡还是食品本身导致受试者出现了健康问题。

举个例子，假如设计转基因大米的人体试验，如果受试者在一

个月甚至几个月内只吃大米，不吃其他食品，不论是吃转基因大米还是非转基因大米，都会直接导致营养不良甚至患病，比如因缺乏维生素C导致的坏血病。如果受试者还需进食其他食品，由于每个人的饮食习惯、饮食结构和食量大小都不一样，且试验食品在日常饮食中的比例应该多大也无法确定。这样导致试验中变量过多，无法确定是哪个因素引起受试者产生差异。

最后，是基于伦理学的考量。药物进行人体试验的出发点是正面的，是为了让身患疾病的人回归健康。通过人体试验能够验证药物治疗作用及效果，同时发现是否有潜在副作用，因此试验符合伦理上的要求。但如果将人体试验用在验证食品安全上，其中一个暗含的前提是这种食品的安全性不明。用安全性不明的食品做人体试验，是不符合伦理学要求的。

所以，对食品进行人体试验是不切实际的。验证食品的安全性，国际上通行做法是进行动物试验。转基因食品也不例外，而且标准比传统食品还要严格。目前用转基因食品进行的动物试验均未发现转基因食品存在任何安全问题。

转基因食品需要长期多代人试吃才能证明是安全的吗?

“转基因食品需要长期多代人试吃”实际上是一个伪命题。因为转基因食品既不会像有机毒物、重金属那样会产生富集作用，从而对人体产生危害；也不会影响到生殖系统和生殖细胞，继而影响下一代。

有机毒物、重金属等物质进入人体后，无法被吸收利用，也难以被代谢、分解，长此以往会在人体内累积，对人体健康产生危害。对于这样的物质，科学家们经常需要通过长期多代的实验研究来观察其对健康的影响。但是转基因食品中转入基因表达的最终产物是蛋白质，这些蛋白质跟传统食物中的蛋白质一样，进入人体后被消化分解，进而被吸收利用，不会在体内留存，因此不存在开展长期多代实验研究的物质基础。

从科学角度上说，影响后代属于遗传毒理学范畴。转基因食品上市前，均已对其致敏性、毒性等方面进行过充分的研究和严格的安全评价，没有发现任何可能对生殖系统或者生殖细胞产生影响的因素。

以国际化学物质毒理学评价原则为基础，转基因食品安全评价试验一般选用模式生物小鼠和（或）大鼠，来进行多代数和高剂量的饲喂实验，相当于让小鼠、大鼠代替人类进行多个世代的“试吃”，得到的数据完全足够用于评估转基因食品的安全性。

来看一组真实数据。美国艾奥瓦州立大学教授鲁斯·麦克唐纳在一篇报告中指出，在2000—2011年，转基因饲料一共喂养了1000亿只动物。这种饲料的成分没有什么不同，并且也没有影响动物的健康状况。从1996年到现在，转基因饲料已经应用20多年了，按照动物的生命周期换算，相当于这些动物都已经吃了很多代了，没有发生过一例因使用转基因饲料引起的安全性事件。

国际上的转基因生物安全管理举措有哪些？

经济合作与发展组织（OECD）、联合国粮食及农业组织（FAO）、世界卫生组织（WHO）以及国际食品法典委员会（CAC）等国际权威组织，通过制定转基因生物安全管理的相关原则和指南来为各个国家的转基因生物安全管理提供参照。

当前，大致可以将转基因安全国际规范划分成两类。

一类是以环保健康为中心的转基因生物安全国际规范，代表是《生物多样性公约》（CBD）、《生物安全议定书》（CPB）和国际食品法典委员会（Codex）准则。

另一类是以贸易自由为中心的转基因生物安全国际规范，代表是《1994年关税与贸易总协定》（GATT 1994）。

由于在政策导向、管理理念以及国情上的差异，各个国家采取了符合本国利益的措施来实施转基因生物安全管理，因此在转基因生物安全立法以及具体的管理模式上产生了一定差异。

美国把发展转基因作物放在国家农业发展战略中的重要位置，其转基因生物安全管理基本以产品的特性和用途为基础，以实质等同为原则。美国对转基因技术安全的监管很早就已开始。1976年，美国国立卫生研究院（NIH）颁布了全球第一条转基因技术安全管理法规——《重组DNA分子研究指南》。美国没有针对转基因生物进行单独立法管理，而是在1986年颁布了《生物技术法规协调框架》，将基因工程工作纳入已有法规框架下进行管理，即在原有法律基础上增加了转基因产品的有关条款。同时规定，由美国食品药品监督管理局（FDA）、美国农业部（USDA）以及美国国家环境保护局（EPA）在已有法规框架下协调开展转基因生物安全管理工作。

欧盟对转基因生物的管理，与美国的宽容态度截然相反。欧盟对转基因生物市场化持以谨慎态度，形成了与美国不同的转基因食品安全管理体制。欧盟的管理模式以过程为基础，以应用预防为原则。欧盟转基因生物安全管理的法律体系分为指令（Directive）和法规（Regulation）两个层次，颁布的指令对采纳国有效，而颁布的法规则是直接有效。欧盟依据预防原则对转基因生物进行专门立法管理，总体上由欧盟食品安全局（EFSA）管理监控，包括转基因产品的风险评价、审批、市场投放，以及转基因食品从农田到餐桌各环节的监控，确保转基因产品的可追溯性。欧盟成员国中只有西班牙和葡萄牙种植小面积的转基因抗虫玉米，因此欧盟市场中的转基因食品也基本来自美国、加拿大以及阿根廷等国家。

除了美国和欧盟所使用的两种管理模式外，还有一种介于两者之间的管理模式——中间模式。日本、韩国、巴西、澳大利亚和肯尼亚等国家所使用的就是中间模式。中间模式，其安全管理理念介于美国与欧盟之间，基于实质等同原则或（和）应用预防原则，兼顾产品与过程。比如韩国、日本、巴西以及印度等国采取的是单独立法，但多个部门分散管理；澳大利亚与肯尼亚则是单独立法结合集中统一管理。

我国是怎样进行转基因生物安全管理的?

我国的转基因生物安全管理拥有健全的管理体制和规范的运行机制。我国对转基因生物安全的管理模式，类似于中间模式，综合了美国与欧盟的做法，过程与产品两手抓，力求在依法管理、科学评价、保障安全的基础上，加快研究、推进应用。在法规设计上，强调符合国际惯例、维护国家利益以及适合我国国情；在安全评价上，充分参考国际公认的安全评价原则和规范，用科学的方法严密论证，用翔实的数据来证明是否安全。具体来说，我国对转基因生物的安全管理有以下3个显著特点。

第一，制度设计严格规范。建立了以农业农村部为主，涵盖卫生、商务、环保以及科技等13个部门的部际联席会议制度，负责研究制定转基因食品安全管理过程中的重大法规与政策；国务院颁布实施《农业转基因生物安全管理条例》，对转基因技术研发到应用的全过程管理进行了明确规定；农业部（现称“农业农村部”）制定并实施了《农业转基因生物安全评价管理办法》《农业转基因生物进口安全管理办法》《农业转基因生物标识管理办法》《农业转基因生物加工审批办法》等配套规章，规范研究、生产、标识管理和进口的许可审批等流程。

第二，评价体系科学健全。转基因生物安全评价工作由国家农业转基因生物安全委员会（以下简称安委会）负责。安委会委员为生物技术、环境安全、食用安全以及微生物等领域专家，分别来自教育、卫生、食药监管、检验检疫、环保和农业等部门，具有广泛代表性。安全评价秉持科学原则、比较分析原则、个案分析原则、预防原则、分阶段原则和熟悉原则，对转基因生物实行分级、分阶段的安全性评价。

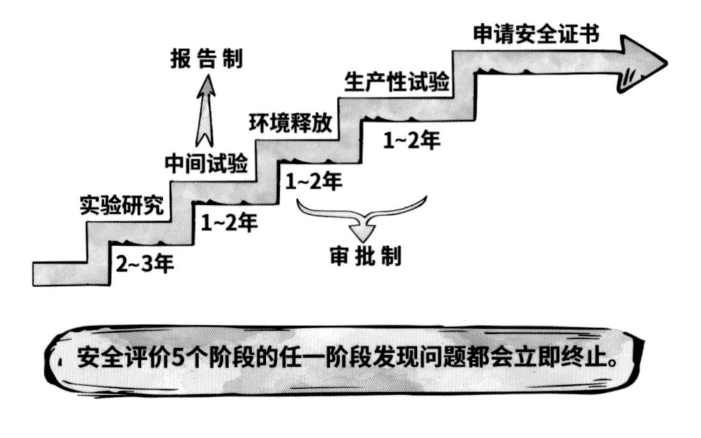

第三，技术保障坚实有力。我国组建了全国农业转基因生物安全管理标准化技术委员会，截至目前已发布252项转基因生物安全标准；认定了42个国家级的第三方监督检验测试机构，为我国转基因生物安全监管提供了有力技术支撑。

举个例子

我国的转基因生物安全评价过程非常严格。比如转基因抗虫水稻华恢1号从1999年开始进行安全评价，整个过程历时达10年之久。而且为了保证华恢1号安全评价的科学性、客观性和公正性，确保结果的真实可靠，农业部（现称“农业农村部”）除了对申请单位所提交的技术资料进行评价之外，还组织中国农业大学食品科学与营养工程学院、中国农业科学院植物保护研究所、中国疾病预防控制中心等作为第三方检测机构，对食用安全和环境安全的部分指标进行了检测验证。最终确认转基因抗虫水稻华恢1号与非转基因水稻一样安全，并于2008年批准发放安全证书。

五

态度篇

转基因那些事

国家对转基因是什么态度？

党和国家一直高度重视转基因技术的研发应用。习近平总书记多次作出重要指示，在2013年中央农村工作会议上表示，“转基因是一项新技术，也是一个新产业，具有广阔发展前景。作为一个新生事物，社会对转基因技术有争论、有疑虑，这是正常的。对这个问题，我强调两点：一是要确保安全，二是要自主创新。也就是说，在研究上要大胆，在推广上要慎重。转基因农作物产业化、商业化推广，要严格按照国家制定的技术规程规范进行，稳打稳扎，确保不出闪失，涉及安全的因素都要考虑到。要大胆研究创新，占领转基因技术制高点，不能把转基因农产品市场都让外国大公司占领了”；在2020年中央农村工作会上指出，“有关部门要在严格监管、风险可控前提下，加快推进生物育种研发应用”；在2022年中央农村工作会上强调，“生物育种是大方向，要加快产业化步伐”。

国家也将转基因技术研发列入国家重要发展战略。2006年，国务院正式发布《国家中长期科学和技术发展规划纲要（2006—2020年）》（以下简称《纲要》）。《纲要》指出，农业增产、农民增收和农产品竞争力增强的压力将长期存在，并确定了包括转基因生物新品种培育在内的16个重大专项。2008年，国务院常务会议指出，转基因生物新品种培育专项实施方案经过科学、严格的论证，已基本成熟，各有关部门要充分认识实施这项重大工程的重要性和紧迫性，进一步完善方案，抓紧组织实施。

在2008年全球粮食危机大爆发的国际背景下，结合我国国情实施的“转基因生物新品种培育科技重大专项”具有重大的战略意义。利用转基因技术获取具有重要应用价值和自主知识产权的功能基因，进而培育出具有抗病虫、抗逆、高产、优质的转基因生物新品种并促进其产业化，有利于增强我国的农业科技支撑，加快我国的农业现代化建设步伐，提高我国的农业国际竞争力。

2020年，十九届五中全会审议通过的《中共中央关于制定国民经济和社会发展第十四个五年规划和二〇三五年远景目标的建议》中，将生物育种列为强化国家战略科技力量的8个前沿领域之一。也就是说，以转基因为代表的生物育种技术的研发应用已成为提升我国科技实力的重要组成部分。

其实，从历年的中央一号文件中多次提及转基因技术及生物育种技术，也可反映出国家对于转基因技术发展的积极态度。2008年提出“启动实施”转基因生物新品种培育专项，对于该专项，2009年的表述为“加快推进”；2010年和2012年都是“继续实施”。2012年提出了涵盖“转基因育种”在内的“分子育种”。2015年则是首次提出要“加强研究、安全管理、科学普及”转基因技术。2016年在“科学普及”的基础上提出要“在确保安全的基础上慎重推广”。2021年提出要“有序推进生物育种产业化应用”。2023年更是指出要“加快玉米大豆生物育种产业化步伐，有序扩大试点范围，规范种植管理”。

作为转基因技术相关工作的主管部门，农业农村部也一直按

照国家政策部署稳步推进转基因技术研发应用和安全管理工作。自2002年起至今，每年持续发布“农业转基因生物安全证书批准清单”，包括进口和生产应用两类清单。2021年，出台《农业农村部办公厅关于鼓励农业转基因生物原始创新和规范生物材料转移转让转育的通知》，鼓励农业转基因生物原始创新。同年，启动实施了农业转基因作物产业化应用试点工作。2023年，《农业农村部关于落实党中央国务院2023年全面推进乡村振兴重点工作部署的实施意见》中明确指出，加快生物育种产业化步伐，进一步扩大转基因玉米大豆产业化应用试点范围，依法加强监管。

国际权威组织对转基因是什么态度?

基于科学理论和实证研究的基础，多个国际权威组织针对转基因相关热点问题进行表态，力求让公众对转基因技术及其产品保持科学理性的态度。

世界卫生组织（WHO）发出声明，国际市场上流通的转基因食品都已通过安全性评估，民众对转基因食品的消费都未显示对人类健康有影响。同时，世界卫生组织也在官方文件中明确表示，目前未发生过一例因转基因作物及其食品导致的危害人体健康的事件；转基因饲料广泛应用于全球养殖业，养殖的猪、牛已经食用转基因饲料几十代，也未发现安全问题。

欧盟经过多年的跟踪研究，得出“生物技术，特别是转基因技术并不比传统育种技术更有风险”的结论。2018年6月，欧盟公布的历时6年、总耗资1500万欧元的三项转基因实验研究结果表明，没有发现转基因食品存在潜在风险，更没有发现其有慢性毒性和致癌性相关的毒理学效应。

毒理学学会（SOT）表示，现有转基因食品是安全的，其安全水平与传统食品相当。

国际科学理事会（ICSU）指出，现有的转基因作物及其食品，经合理适当的检测，被判定为可安全食用。

美国科学促进会（AAAS）表示，每个转基因作物新品种都必须经过严格的分析测试后才能获批上市。利用现代分子生物技术改良的农作物是安全的。

英国皇家学会和巴西、中国、印度、墨西哥、美国等国家的科学院及第三世界科学院，联合编写了《转基因植物与世界》。该书表示，可以利用转基因技术生产更有营养、储存更稳定的食品，给工业化和发展中国家的消费者带来惠益。

美国国家科学院联合医学院以及工程院在对近30年来的总共900项有关基因工程技术的研究资料进行历时2年的分析后，共同发表声明，指出目前没有明确证据表明转基因作物与传统作物存在健康风险方面的差异，也没有发现食用转基因食品后会造成任何一种疾病，更没有发现转基因作物与环境安全问题有确定性因果关系。

综上，国际权威组织与很多国家的科研机构对于转基因技术都持有积极的态度。

科学家对转基因是什么态度?

国际主流科学界对转基因技术已达成共识——支持转基因，转基因是安全的!

自2016年起，全球多位获得诺贝尔奖的科学家签署公开信支持转基因技术（其中包括多位生物学领域鼻祖和泰斗级人物），呼吁尊重关于转基因安全性的科学判断和科学结论。截至2023年3月10日，共有160名诺贝尔奖获得者以及13555名科学家和市民自愿在支持转基因网站（www.supportprecisionagriculture.org）的签名墙上公开署名，表达对转基因技术及其产品的支持。

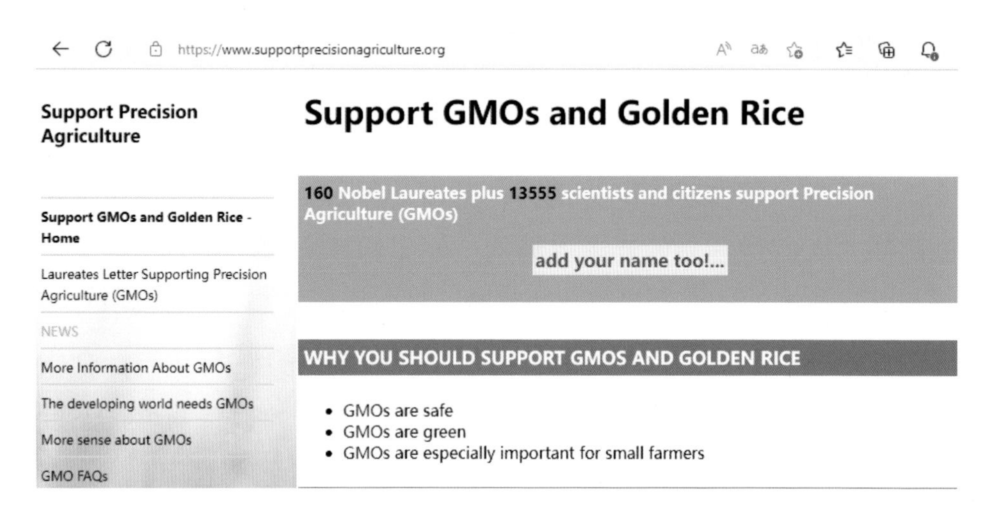

由此可见，科学家对转基因的态度是明确的，诺贝尔奖得主以及各国科学家、公众的联合签名是对新兴生物技术促进人类社会发

展的高度关注与有力支持。

理查德·罗伯茨，1993年荣获诺贝尔生理学或医学奖，是支持转基因联合公开信的发起人之一。他期待转基因技术的益处能够惠及全世界，包括发展中国家，以保证人人都能得到更高质量的粮食供应。理查德·罗伯茨博士主张转基因技术及其产品的推广不应被谣言所阻挡，他曾专门致函中国同行及友人，表示热切期望有更多的中国同行及友人支持转基因技术，联手共同建设更为美好的世界。

我国的众多院士专家也表达了对转基因技术的支持。科学家们带着理性思维，对转基因技术的相关问题严谨求证之后，基于对科学和事实的尊重，从而支持转基因。

公众对转基因的态度?

《汉书·郦食其传》中说："民以食为天。"随着生活水平不断提高，人们对食品的要求逐渐从"吃得饱"向"吃得好"转变。食品安全关系民生之本，因此转基因食品安全也受到了广泛关注。

2016年5月15日，中国科学技术发展战略研究院科技与社会发展研究所进行的《公众对转基因技术态度调查》（以下简称《态度调查》）结果出炉，我国公众对转基因技术的接受度不容乐观，其中，反对转基因水稻推广的人数占65.2%，不愿意吃转基因食品的人数占72.8%。出现这种现象主要原因是当时公众对转基因技术及其食

品的安全评价体系缺乏了解。

在转基因科普工作做得比较好的大城市，对转基因的接受度相对较高。例如华中农业大学曾对我国北京等6个城市的消费者购买转基因食品的意愿进行了调查，并分析其影响因素。研究表明，这些经济较发达的地区，消费者受教育程度以及食品安全意识都普遍较高，对转基因食品的接受程度也较高，接受人数超过调查总人数的一半。但是在对转基因食品购买意愿进行调查时，公众态度倾向于谨慎和保守。这说明，公众仍对转基因食品有着一定程度的担忧。

2021年，南京农业大学基于2003—2019年中国知网上的转基因相关文章进行研究，分析该时间段内我国消费者对转基因食品的态度以及购买意愿的变化趋势。研究表明，二者总体上都处于波动变化状态。其中，关于转基因食品的态度方面，在2016年以前反对人数占比一直居高不下。而到2017年，持积极、中立、反对态度的人数占比近乎持平。

为何2016年以前，公众对转基因技术和产品的接受度比较低呢？主要原因包括以下三点。

一是利益群体恶意散布转基因相关谣言。

来自北京理工大学的研究团队在SCI文献库以“转基因农作物”“生物安全”为关键词，时间限制为1981年至2014年5月，共搜索到此时间段内国际上发表的论文9333篇。其中，绝大多数研究成果证实转基因技术是安全的，而认为转基因不安全的相关论文均被证实存在科学性错误。对网络上的转基因相关谣言进行追根溯源，发现谣言散布者大部分为非专业人士以及各利益群体。例如有的非专业人士毫无事实依据就大肆宣扬转基因玉米致使老鼠灭绝、母猪死胎的言论；一些与转基因技术存在利益冲突的人士则杜撰转基因大豆会大幅提高肿瘤发生率；也有某些学者出于自身利益考虑发表转基因农作物并不增产等言论误导公众；还有一些谣言则是对科学报告的曲解和断章取义，有意制造转基因相关话题。此外，还有部分媒体人士为提升知名度和增加曝光量，和反对转基因的人一起为谣言传播推波助澜。

这些谣言是公众对转基因技术及其产品产生误解甚至反对的主要原因，2016年的《态度调查》显示，有31.3%的受访者认为，吃了转基因食品，人也会“被转基因”。

事实上，对于一项公众不了解的技术，制造谣言远比开展科普宣传需要的门槛要低得多。而一些转基因谣言经常采用耸人听闻的语言，更加深了公众的误解。

二是转基因技术专业性强，容易造成信息不对称，导致沟通不畅。

转基因技术是专业性很强的前沿生物技术，对转基因技术的价值判断，必须基于对转基因技术相关生命科学知识的了解。对其他领域的科学家或者学者来说，如果没有了解遗传学和分子生物学相关基础知识，很难对转基因技术有科学的认识，只能凭借主观臆测和想象。

当然，擅长科研不擅长科普，也是很多科学家面临的一个问题。对公众来说，这种信息不对称带来的问题更加严重。转基因谣言的传播，使得很多没有生物学基础的公众受到谣言的蛊惑。而在转基因领域的科学家发表公开看法时，时常会遭到一些恶意的人身攻击，于是很多人选择缄默。谣言层出不穷，但专家却越来越难以发声，这样的恶性循环加剧了转基因技术在社会舆论上的不利局面。可以说，目前我国转基因产业发展过程中遇到的阻力，更多的不是来自转基因技术本身的科学性和安全性层面，而是来自社会舆论层面。

三是公众认为转基因带来的风险与收益不匹配。

《态度调查》表明，大部分受访者认为，推广转基因作物更多

的是为种植者带来可观的收益，或者带来一些粮食安全或生态环境等方面的公共利益，但对于消费者而言，仅能得到很有限的直接益处，但要承担可能存在的食品安全风险。

事实上，上市的转基因食品的安全性是有保障的。自转基因技术诞生伊始，科学家便开展了对转基因生物安全性的研究，并建立了有史以来最为严格的检测和监管体系。现在上市的转基因产品，都要经历最严格的生物安全检测和审批才能进行商业化生产，一定程度上甚至可以说比传统食品还要安全。而且，转基因技术不仅可以提供物美价廉的产品，许多提升农产品营养和品质的新型转基因产品也已被研究出来：富含胡萝卜素的大米、富含不饱和脂肪酸DHA（二十二碳六烯酸）的油菜、富含番茄红素的菠萝等，为消费者带来了更多样的产品选择。

目前关于转基因技术的争论主要来源于社会层面，在科学界内部，对转基因的安全性已有权威定论，即通过安全评价，获得批准上市的转基因产品是安全的。社会层面对转基因技术的担忧，根本原因在于公众对转基因技术和与其配套的生物安全措施的不了解以及不信任。转基因技术是专业性很强且不断发展的前沿科学技术，和普通公众之间阻隔着高高的专业壁垒。而一些非专业人士的错误解读，又进一步误导了公众，加深了公众对转基因技术的误解。消除误解，消除隔阂，任重而道远。

公众对转基因的认知程度决定着公众的态度。那么，如何提高公众的认知呢？最直接的方式还是强化转基因科普宣传。

广泛的科普宣传是提升公众科学认知的有效渠道。通过开展多

种形式的科普宣传活动，强化正面的宣传引导，提升广大公众对转基因技术的认知，扭转转基因在公众中的负面印象，将关于转基因的讨论拉回到科学与理性的层面。

政府、科研机构、社会组织开展了大量的科普宣传活动，为提升公众对转基因的科学认知，营造积极的社会舆论环境提供了有力支撑。农业农村部官方网站在“热点专题”中开设“转基因权威关注”栏目，发布转基因相关科学研究、安全评价、行政审批以及科学普及等内容。在农业农村部科技教育司指导下，中国农学会自2018年开始开展全国转基因科普巡讲活动，截至目前已在全国21个省（自治区、直辖市）开展科普讲座百余场，直接受众近4万人，线上点击量突破4000万人次。

近年来，随着微信公众号以及抖音、快手等自媒体平台的兴起，公众获取转基因相关信息的主要途径已经发生了变化。建立起转基因网络传播渠道，用好这些自媒体平台，加强对社会舆论的正确引导，也已经成为传播科学知识和辟谣的有效途径。能看到的是，越来越多的专家和社会人士愿意积极主动为转基因发声，社会整体舆论进一步趋于好转。相信随着对转基因技术和产品了解的深入，更多的人会实现从担忧和反对到认可和接受的态度转变。

六

思考篇

为什么公众对转基因存有疑虑?

人们不信任转基因的原因，主要是对自己不了解的、陌生的东西抱有怀疑和恐惧，这是正常的。同时，转基因科普往往无法回避这项技术本身的高门槛，需要前期铺垫大量的生命科学基础知识。对于很多没有专业知识储备的公众来说，这需要很高的学习成本。而反对转基因的宣传，通常只需要迎合公众的关注点，可以不讲科学不顾事实，哗众取宠地编故事。常言道，“造谣一张嘴，辟谣跑断腿”。因此，在与转基因谣言的斗争中，转基因科普往往处于劣势，并且在部分媒体及反对转基因的人煽风点火之下，导致很多公众在面对转基因问题时难以保持客观和理性，更加深了误解与怀疑。

转基因安不安全到底应该听谁的?

专业问题要由专业人士回答。

转基因的安全评价是高度专业的科学问题，应该根据科学证据判定。因此，转基因的安全性问题，主要听取转基因领域的科学家，尤其是做生物安全评价的科学家的观点和意见。

科学研究是事实判断，只讲证据不讲其他。而生活中常见的“多数人标准”“权威人物标准”“诉诸情感的道德标准”等，都属于价值判断。转基因技术与产品的安全与否属于事实判断，而非价值判断，必须依据客观事实本身得出结论。

当然，公众在听取科学家观点时，也要注意审视科学家是否持有科学事实和科学证据，并且也应保持质疑精神，勇于对存疑的内容基于科学事实提出有理有据的质疑，在科学的范围内进行客观理性的讨论，这是值得提倡的。但是，不能像部分反对转基因的人那样，出于个人利益目的捏造毫无事实依据的谣言，使得转基因的讨论完全脱离科学的范畴，成为制造热点和流量的工具。

延伸阅读

转基因食品符合社会学中食品伦理以及消费者主权等方面的要求。

先说食品伦理方面。民以食为天，温饱问题关系到亿万人的生存，也是马斯洛需求层次中最为根本的人类需求。转基因技术在促使粮食增产、保障粮食安全等方面发挥了积极作用，能够为解决人们的温饱问题提供支持保障，其目标与满足人类的根本需求是一致的。

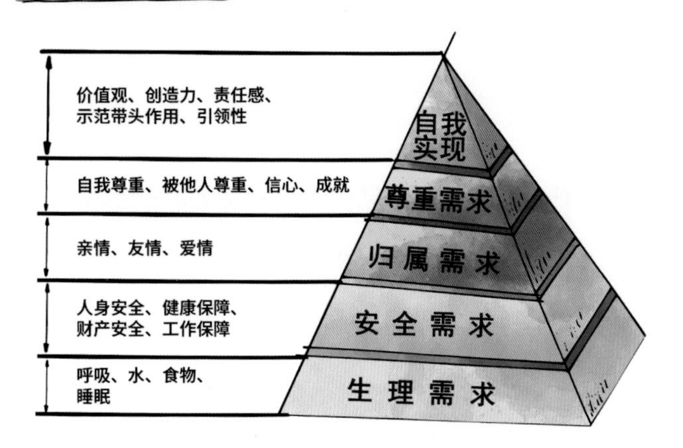

再说环境伦理方面。转基因技术通过减少农药和化肥的使用，从而减少了农业生产对环境的污染，在生态环境保护方面具有明显优势，满足环境伦理方面的要求。

消费者主权方面，主要是体现在消费者的知情权和选择权。知情权，主要体现在消费者能否知道哪些是转基因食品，哪些是非转基因食品。选择权，主要体现在消费者是否可以根据自己的偏好，自主选择购买转基因与非转基因食品。我国实施严格的转基因标识制度，消费者可以根据食品标签，清楚地分辨转基因食品与非转基因食品。同时，由于我国的食物供给是市场机制而非配给制，消费者可以自由地在市场中选择转基因食品或者非转基因食品。在转基因食品领域，消费者主权能够得到很好的保护。

需要明确的是，不论采取何种伦理评价机制，首先都要尊重科学事实。“以事实为依据，以科学为准绳”，只有在科学的基础上，对转基因技术的价值评判才是客观公正的。随着技术的发展，生物安全评价以及安全监管的规章制度也一直不断地更新完善，在如此严格的食品安全监管和安全评价体系加持下，转基因食品的安全性是有保障的。

为什么说一些常造成疑惑的转基因问题都是“伪命题”？

问题1：非转基因食品一定很贵吗？

网络上曾出现反对转基因的人以高价销售非转基因食品，很明显这是利用公众认知偏差而进行营销的一种手段。实际上，我国市面上绝大多数农产品都是非转基因产品。消费者能够购买到的转基因产品只有部分大豆油、玉米油、菜籽油、棉籽油和番木瓜，以及棉花和饲用豆粕等，除此之外，所有的农产品都是非转基因的，价格一般也都在正常范围内，并不存在非转基因产品的价格一定更贵的情况。当然，转基因技术能够提升农业生产效率、降低生产成本、保证供应充足，其产品与同类非转基因产品相比是具备低价优势的。

问题2：非转基因食品一定更安全吗？

未必。相较而言，转基因作物的农药用量一般情况下会低于同种非转基因作物的农药用量，因此能够减少其农产品农药残留超标的情况。此外，转基因作物的种植和转基因食品的生产全程均有严格的监管，上市前会经过严格的安全评价和检测，能够很大程度保证转基因食品的安全。但很多非转基因食品，并没有经过像转基因食品这样严格的检测，反而可能会存在一定的安全风险。

问题3：当前有关转基因的讨论只是科学问题吗？

转基因技术本质上是科学问题。但是技术发展过程中，遭遇了

很多的争议，引发了广泛的社会讨论。因此，目前的转基因问题不只是一个科学问题，也是一个社会问题。

问题4：转基因技术的知识产权是否都被国外公司控制？

跨国转基因种子制造商对它们的种子施加严格的知识产权保护，这是严峻的现实问题。破解之道在于，发展拥有我国自主知识产权的转基因品种，并与之进行市场竞争，掌握对种子的话语权，而不要让跨国公司在转基因种子上的知识产权限制成为我国农业发展的“卡脖子”难题。目前，我国已经获得了拥有自主知识产权的棉花、大豆、玉米等作物的转基因品种，转基因技术专利数量位居世界第二位。

问题5：转基因技术是农田里“化学战争”的延续吗？

过去，人们通过喷施农药杀灭害虫，有人称之为田野中的“化学战争”。转基因技术通过提升农作物自身的抗虫害能力，即让农作物本身对虫害具备“免疫力”，和之前的“化学战争”是两个概念。这恰恰是从农业所处的农田生态系统层面解决问题，也是实现农业可持续发展的可行途径之一。

如何看待“新生事物”？

“新生事物”是指合乎历史前进方向、具有远大前途的事物，具有强大生命力，它于“旧事物”中诞生，取其精华，去其糟粕，并增添时代新内容。

“新生事物”发展的前途是光明的，但因为其产生初期的不完美、人们的认可度低等原因，发展通常历经曲折。以火车为例，斯蒂芬森在前人研究的基础上经过不懈努力，研制出名为“半筒靴号”的蒸汽机车（因当时使用煤炭或木柴做燃料，所以也被称为“火车”），却因“速度慢、震动强烈”等弊端遭到人们嘲笑。然而斯蒂芬森没有受其影响，坚定目标，持续改进，终于研制出了世界上第一台客货运蒸汽机车“旅行者号”，于1825年9月27日举行试车典礼并获得成功。在工业大革命的欧洲，铁路运输事业便从这天开始了。

火车的出现扩大了人类活动的范围，为人们的生产和生活带来了极大的便利。但当时腐败、保守、专制的清政府，不肯接受“新生事物”，认为修铁路会“失我险阻，害我田庐，妨碍我风水”，顽固地拒绝修建铁路，甚至把当时西方人修筑的铁路全部拆除，其中就包括中国最早的铁路吴淞铁路。直到19世纪末期到20世纪初期，火车和铁路才再次出现在中国。

可以看出，火车的应用也是经历了人们从一开始的不理解、不接受甚至是坚决抵制，到后来广泛接受和使用的态度变化过程。

和火车的艰难发展历程类似，汽车也经历了颇为曲折的发展过程，从蒸汽驱动的三轮车到内燃机汽车，从一个不被人看好和不被人接受的“新生事物”，逐渐变为功能完善、不可或缺的出行工具。汽车不仅加速了不同地区的交流，促进了区域经济的发展，还引发了一系列新兴产业和技术的出现。

21世纪是科技高速发展的时代，对于不断出现的“新生事物”，该如何去看待呢?

首先，唯物辩证法观点认为“事物发展是前进性与曲折性的统一”，因此，要用发展的眼光看待“新生事物”，并宽容对待。火车刚出现的时候确实有很多不足之处，如蒸汽机喷气时会产生强

烈的噪声，剧烈的震动也让人难以忍受，还常会有脱轨的风险，但现在的火车不仅克服了这些问题，还更加快速、舒适和安全。所以不能因为“新生事物”产生初期的缺点而完全将其否定，应当允许“新生事物”不断地完善自身。

其次，应该尽可能全面地去了解“新生事物”，分析其利弊得失，在肯定并发扬其优点的同时，努力克服它的缺点。例如汽车的出现给我们的生活带来很大的便利，缩短了人与人之间的距离，一定程度上推动了人类社会的现代化，但也带来了噪声污染、尾气污染、交通事故等方面的问题。但人们并没有放弃汽车，而是一直在努力地解决这些问题。

新兴技术的崛起，既有机遇又有挑战。蒸汽机、汽车、飞机、电话、互联网、手机……每一种新技术都深刻地改变着人类的生活，也或多或少经历过从误解到接受的过程，转基因技术也是如此。应当看到，转基因技术为粮食问题以及环境问题提供了一种重要解决方案，转基因农产品也已经充分体现了其在环境和商业上的优势。若因害怕其可能带来的负面效应而禁止其发展，很可能使自己国家在产业发展和国际竞争中失去主动权，受制于人。科学技术的发展推动着社会的进步，对于任何一项科学技术，零风险是不存在的，也不可能绝对安全，因噎废食、无所作为或许才是最大的风险。

5 如何在转基因是非中保持理性？

近年来，转基因话题在网络空间中持续发酵，转基因技术及其产品引发了巨大争议。那么，如何在争议中保持理性？

一是减少主观偏见，坚信科学证据。例如“食用转基因产品会改变人的遗传物质，会影响生育能力，会影响子孙后代”“转基因食品会致癌”等谣言，在大量科学证据面前早已不攻自破。面对转基因相关话题，要“以事实为依据，以科学为准绳”，让理性思考成为一种本能。

二是警惕从众心理，学会辨析本质。人们在不熟悉的领域，往往会有从众心理。在面对转基因相关话题时，要警惕从众心理，不能人云亦云，要学会独立思考，通过查阅相关书籍资料，深入了解转基因，自行辨析本质，不被谣言所忽悠。

三是避免感性判断，保持理性客观。在没有专业背景的人看来，基因是一个神秘而又高大上的概念，“转基因”这个词映入他们眼帘时，会产生一定的疑惑和担忧。这种感性判断也会导致其更容易受到谣言蛊惑。在面对转基因相关话题时，应尽量避免感性判断，通过加强对转基因相关知识的了解，保持理性客观的态度看待这些话题。

四是正确对待意见，保持质疑精神。生命科学是一门庞大的学科，即使是一些有生命科学教育背景的人，如果不去深入学习，对转基因技术也不能做到深入了解。一些戴着生物学“帽徽”的所谓专家，对公众的误导性更大。其发布的言论和研究成果不仅严重缺乏科学性，更是降低了科学在众人心中的可信度。因此，公众在一些“专家意见”面前不应该一味认同，在面对一些言论和成果时，应当保持质疑精神，分析其科学性。